经典科学系列

声音的魔力

SOUNDS DREADFUL

[英] 尼克·阿诺德 原著 [英] 托尼·德·索雷斯 绘 孙文鑫 译

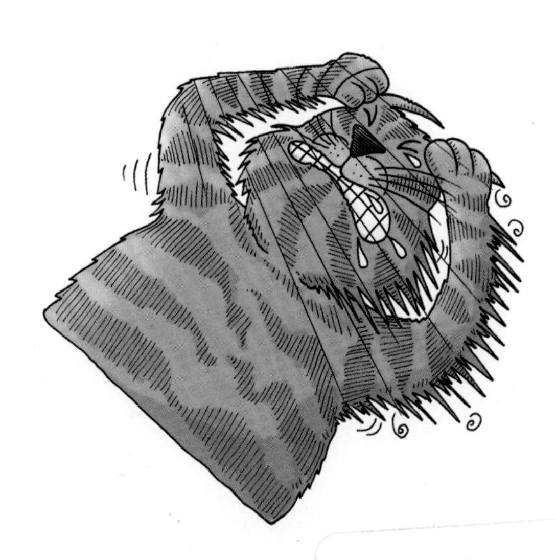

北 京 出 版 集 团

北京少年儿童出版社

著作权合同登记号
图字:01-2009-4323

图书在版编目(CIP)数据

声音的魔力 /（英）阿诺德（Arnold，N.）原著；（英）索雷斯（Saulles，T. D.）绘；孙文鑫译．—2版．—北京：北京少年儿童出版社，2010.1（2024.10重印）
（可怕的科学·经典科学系列）
ISBN 978-7-5301-2375-1

Ⅰ.①声… Ⅱ.①阿… ②索… ③孙… Ⅲ.①声—少年读物 Ⅳ.①042-49

中国版本图书馆 CIP 数据核字(2009)第 183419 号

可怕的科学·经典科学系列
声音的魔力
SHENGYIN DE MOLI
［英］尼克·阿诺德 原著
［英］托尼·德·索雷斯 绘
孙文鑫 译
*
北京出版集团
北京少年儿童出版社 出版
（北京北三环中路6号）
邮政编码:100120
网址：www.bph.com.cn
北京少年儿童出版社发行
新华书店经销
河北宝昌佳彩印刷有限公司印刷
*
787毫米×1092毫米 16开本 10.5印张 50千字
2010年1月第2版 2024年10月第62次印刷
ISBN 978-7-5301-2375-1/N·163
定价：25.00元
如有印装质量问题，由本社负责调换
质量监督电话：010-58572171

说说声音 …… 1
高谈阔论 …… 4
奇妙的听觉 …… 17
飞速的声波 …… 36
声音的震撼 …… 56
喧闹的自然界 …… 65
神秘的回声 …… 74
讨厌的噪音 …… 88
混乱的音乐大合奏 …… 110
可怕的音响效果 …… 129
永不消失的声音 …… 140
打破沉寂 …… 152

疯狂测试 …… 157

说说声音

注意听……

年纪越小发出的声音就越大，婴儿最喜欢制造各种各样的音响效果。

等到再大一点儿时，他们喜欢这样……

上了中学后，他们开始陶醉于震耳欲聋的音乐！

但随着年岁的增长，情况发生了变化，他们逐渐安静下来。父母们不再喜欢大的声响，他们甚至讨厌大声说话，尤其是你搞出的让他们心烦的动静。

所以在看这本书时你最好安安静静的。

猜猜老师对大声的态度会怎么样？当然是更糟糕。

事实上，老师只希望听到他们自己的声音，特别是在大谈特谈那些沉闷的科学理论时，比如说他会为了让你们保持安静，教你们一些关于声音的科学。

听起来很沉闷，是吗？但其实不会如此，下面有一些关于声音的趣闻，很有意思，你不妨看一看：

▶ 单调的音调可以打碎玻璃。

▶ 声音能使你的眼球震颤。

▶ 声音能使人变傻，甚至置人于死地。

还不止这些，这本书里关于可怕声音的例子还有很多，从可以使血管破裂的铃声到会使你不断冲向洗手间的能发出刺耳声音的声音武器……读完本书后你可以随心所欲地在课堂上高谈阔论，保证你一定会拥有很多的听众。

谁知道呢，没准将来有一天你会成为学术界一位“响当当”的人物。但有一点可以肯定，你会发现耳边的世界不会再同以前一样了。既然你在全神贯注地听，那么赶快往后翻吧！

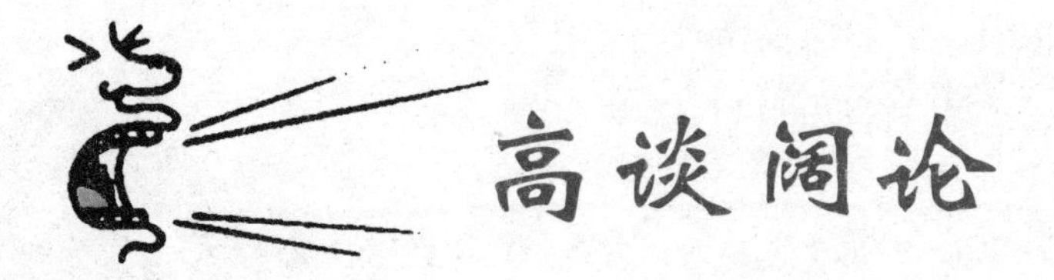

高谈阔论

下面事物的共同点是什么?

a）宠物鼠。

b）科学课老师。

c）60人的管弦乐队。

不知道了吧，举手投降吗?

不对，大错特错了！答案不是他们都吃奶酪。还是让我来告诉你正确答案吧！共同之处就是他们都用声音来吸引你的注意。乐队需要用声音来演奏，宠物鼠吱吱叫是希望得到食物，至于老师嘛……哈哈，假如没有声音，你也就不用听那枯燥乏味的科学课了，而且老师也不能批评你了。

对动物而言，声音也同样重要，因为正如我们人类一样，动物也是用声音来传递信息的。你可以想象一下：到了本该出外"散步"的时间，如果你的狗不大声"汪汪"地叫那会怎样?很可能是你忘记带它了。

好奇怪的表述方式

科学家有他们自己的术语，这些术语只有他们才懂，现在你也可以学几个，这样你就可以在班里炫耀一下了。注意：用这些地道的专业术语，准会让朋友们大吃一惊，也让老师无言以对，怎么样，想试试吗？

巨大的“振幅”

振幅被用来表达声音的大小，即声波越强，声音越大，振幅也就越大，明白了吗？

奇妙的“频率”

频率是指每秒声波振动的次数。频率可以快得让人无法想象，例如：蝙蝠尖叫声的频率每秒可达200 000次。高频带来高音，这就是为什么蝙蝠是高声尖叫，而不是发出低沉的咆哮。另外，频率是以赫兹（Hz）为单位的，所以高频就是高赫兹。

悦耳的“音调”

音调是指以同一频率发出的声音（而大多数声音都是多种音调混

合在一起）。你可以将一把叫音叉的特殊器具放在光滑的物体表面，通过敲击音叉产生音调。

轰鸣的“共鸣”

当振动以特定的频率击打一个物体时，就会产生共鸣。这也同时使物体晃动。振动越强，声音越大，甚至可以达到震耳欲聋的程度（耳聋会怎样？看看第24页吧）。

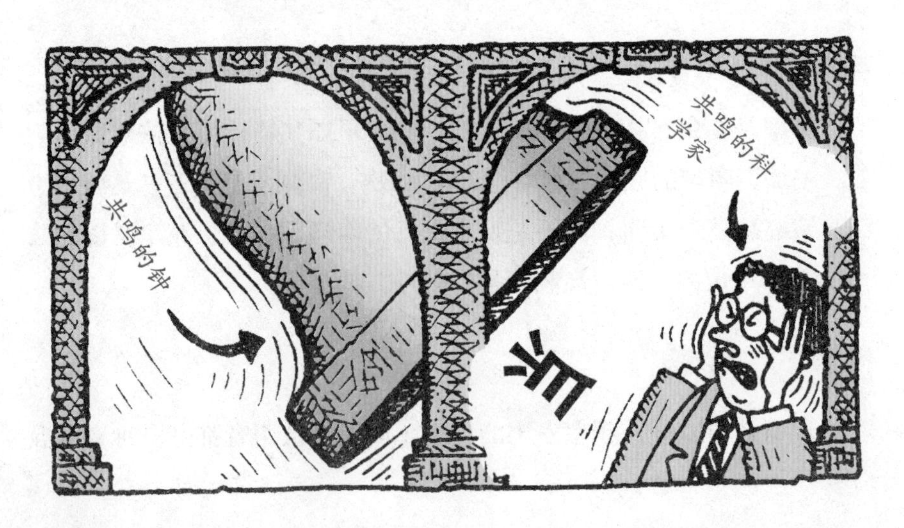

和谐的“乐音”

发音物体有规律地振动而产生有着固定音高的声音，这种声音听起来和谐悦耳，被称为“乐音”；反之，发出的声音就只能是可怕的噪声。乐音是大多数音乐的基础。

都懂了吗？下次科学课你可以大发议论了。不过，你还可以大吹特吹，想象一下，如果你成了一名流行歌手，又会是一番怎样的情形呢……

现在轮到你了……

你能成为流行乐明星吗?

成为一名流行乐明星，并不需要太多资本，虽然天赋起一定作用，但并不是至关重要的。只要你真的喜欢音乐与舞蹈，就能成为最红的、最炙手可热的、最伟大的新星。但是你得为此做些必要的准备，录下你的第一次歌声。若想探其究竟，请你往下看。

为了演示这行当在技术方面的要求，我们请来了（花了大笔的钱啊）顶级DJ兼录音师杰斯·利兹宁。为了便于解释每个歌手都必须了解的声音的奥妙，我们又请来了科学家旺达·威。

你能成为一名歌星吗? 第一步：音响系统

安静的隔音室

当你录制一张风靡一时的唱片时，可不要把隔壁的电视声也顺便录上。杰斯的音响工作室就铺设了高科技的声音隔绝系统，这样就可以隔离一切不必要的杂音。

好吧，就给你透露个秘密：其实所谓的“高科技”只不过是在石膏板后面装上类似鸡蛋包装盒里的卡纸板那样的结构。

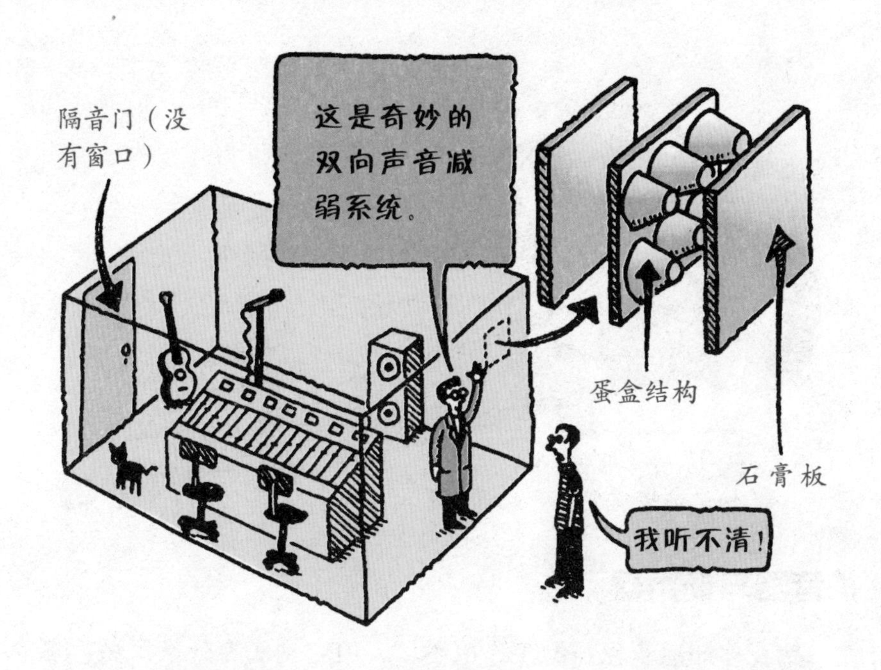

柔软的纸板就像枕头一样能吸收声响，声音就这样消失在其中。这就是演播室如此安静的原因，除非杰斯张开自己的大嘴说话。

效果逼真的麦克风

麦克风是你演唱或演奏时的必备品，你得跟它搞好关系，最好称呼它“麦克”以示亲密。

旺达的意思是麦克风能将声音转变成电脉冲，就像这样……

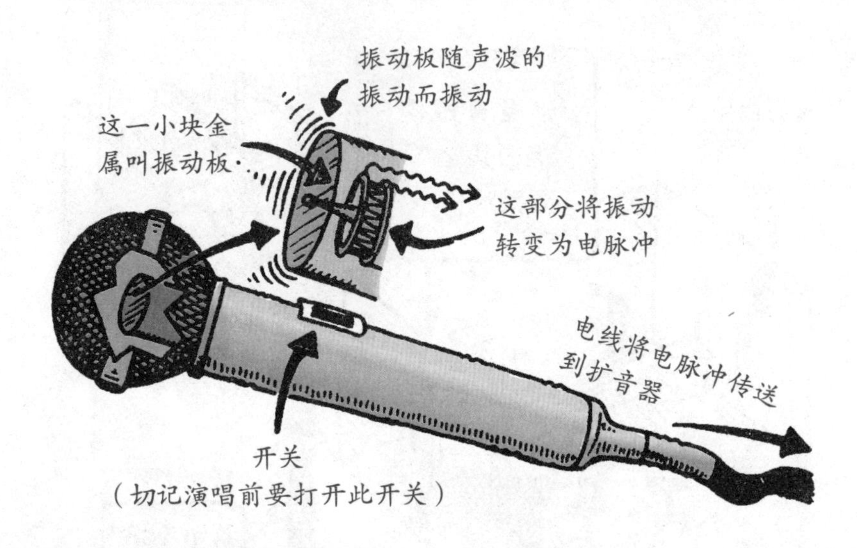

扩音器与扬声器

现在你知道麦克风的工作原理了，但它到底有什么用呢？多亏了麦克风，你美妙的歌声才能以电脉冲的形式存在，可你听不到电脉冲，对吗？其实，你是可以听到的，只不过那声音听起来就像开动的电吹风机一样令人胆战心惊。因此你需要一个扬声器再将电脉冲转变回你自己迷人的歌声，你还需要一只扩音器使其他人也能听到你美妙的歌声——不过请千万别开得太大声了。

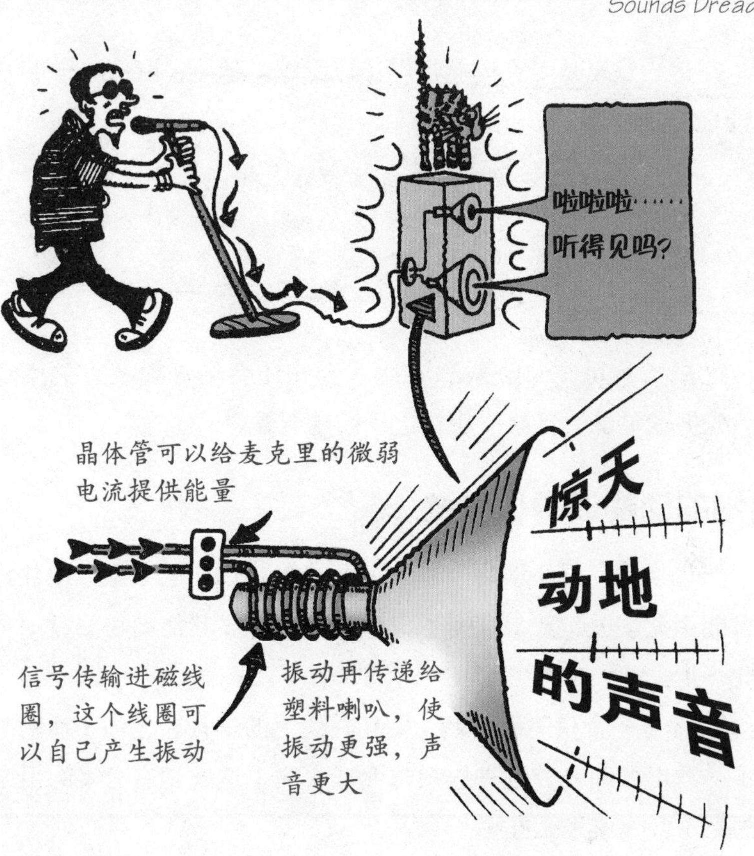

好奇怪的表述方式

杰斯和旺达还在谈论……

他们在谈什么？

答案

他们在谈论扬声器，低音扬声器是指只发低音的扬声器，高音扬声器是指（你猜到了吗？）只发高音的扬声器。

还想当歌星吗？杰斯和旺达一会儿还会给你提些有关声音的建议。先把歌星梦暂且放一放，让我们往下看。

可怕的动物叫声小测试

假设你是一只小动物，遇到下面情况，你会怎么做？记住你的决定可能生死攸关，如果选错了，你就可能变成其他动物的盘中美味而了此一生。

1. 你是一个南美洲的鼩（倒挂在树上的一种长毛的小动物），遇到了一只巴西叫蛙，这种蛙经常大喊大叫（这就是它名字的由来，够怪的吧）。你该怎么办呢？

a）吃掉叫蛙——但它会发出一种恐怖的声音，使你望而却步。
b）逃走——叫蛙发出可怕声音，警告你附近可能有一只危险动物。
c）撤退——叫蛙在警告你，如果吃掉它，你就会被毒死。

2. 你是一只北美地鼠，你的地洞里有一条响尾蛇，它藏在你孩子身后，你看不到蛇，但能听到它发出的恶毒的嗞嗞声，那种声音听起来高昂而悠长，你会怎么办？

a）自己逃命。响声警告你那条蛇很大又有毒，希望孩子们能够保护自己。

b）那响声意味着那条蛇在缓慢移动，因此你有时间给自己和孩子们挖一条逃生之路。

c）进攻。响声证明这条蛇比一般蛇小，而且很疲惫，因此你有可能打败它。

3. 你是一只生活在沼泽中的田凫（一种鸟类）。当你听到了红色桑克（一种鸟类）发出的一连串鸣叫时，你怎么办？

a）赶紧去捉鱼。叫声提示你附近可能有食物。

b）叫声是警告。有一帮乌合之众要来吃掉你的宝宝（以及红色桑克鸟的）。你应该找其他田凫一起把侵略者打跑。

c）没什么。叫声告诉你要下雨了，而作为一名生活在沼泽中的鸟儿，你并不害怕水。

答案

1. a）正确。这种叫蛙很好吃（是以蛙肉的标准而言）。它大叫是为了把你吓跑，那样它就安全了。

2. c）正确。响尾蛇发出很高的响声意味着这是条小蛇。响声悠长意味着蛇又累又迟钝。你想保护孩子就得准备作战。如果选了a），你应该为自己感到羞愧。

3. b）正确。这是个警告，准备作战！看起来要有场恶战。

你肯定不知道！

人类也用声音来交流——你已经知道这一点了？好，那我打赌你绝对不知道人类发出的声音比其他任何哺乳动物发出的声音都多得多。那是因为你能以许多不同的方式移动舌头和嘴唇来组成许多神秘而美妙的声音。现在就试着发出几种声音。

你能发现周围隐藏的声音吗？

你需要：

▶ 你自己

▶ 一对耳朵（幸运的话你可能已经有了，你会发现它们就长在头部的两侧。）

步骤如下：

1. 什么也不做。

2. 静坐，然后倾听……

你听到了什么？

a）什么也没有，用不了多久就会感到非常乏味无聊。

b）开始听到从未注意过的各种声响。

c）听到一些发自体内的奇怪声音。

答案

b），也有可能是c）。我们被声音包围着。平时许多声响我们从未注意过。例如邻居的猫抛起绒球、祖母吮吸酒心糖、或者一只患了咳嗽的小麻雀发出的声音，等等。如果周围很静，没有什么声音，你就能听到自己的呼吸声（如果听不到，建议你最好赶紧去看医生）。

声音档案

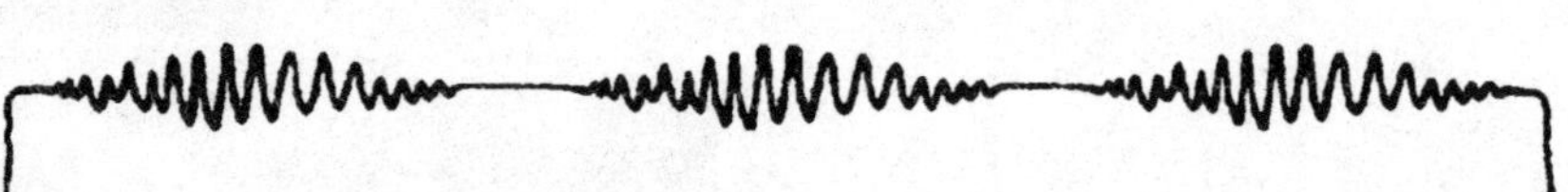

名称：声音

基本事实：我们所说的“声音”实际上是一些空气分子的振荡（称为振动），振动导致了气压的轻微变化，我们可以通过鼓膜感觉到这一点。

可怕的细节：像尖叫一类的声音可引起雪崩。这是因为声音的力量震动了大量的积雪。

在1950年到1951年的冬天，瑞士发生了一起雪崩事故，240多人被活埋。

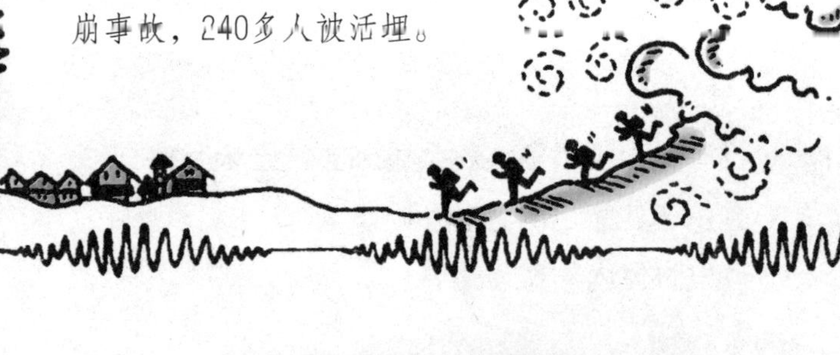

奇妙的听觉

蝙蝠、人类和蝗虫都有一个共同器官——耳朵。如果不发生那些令人讨厌的事情，你根本不会注意到它们。

但是如果你的耳朵听不清楚，你很快就会注意到它们，你肯定也会注意到耳朵里面的那一套神奇的天然工程系统，注意听。

好奇怪的表述方式

两位医生坐在剧院里，他们还能听到前面舞台上的演出吗？

那样会很疼吗？

答案

通常不会。她的意思是说耳朵里的听小骨受到振动，并把这种振动传给了覆盖在内耳入口处的卵圆窗，所以她可能会感到有些疼。是不是有些糊涂，那就快看下文。

声音是如何传入大脑的

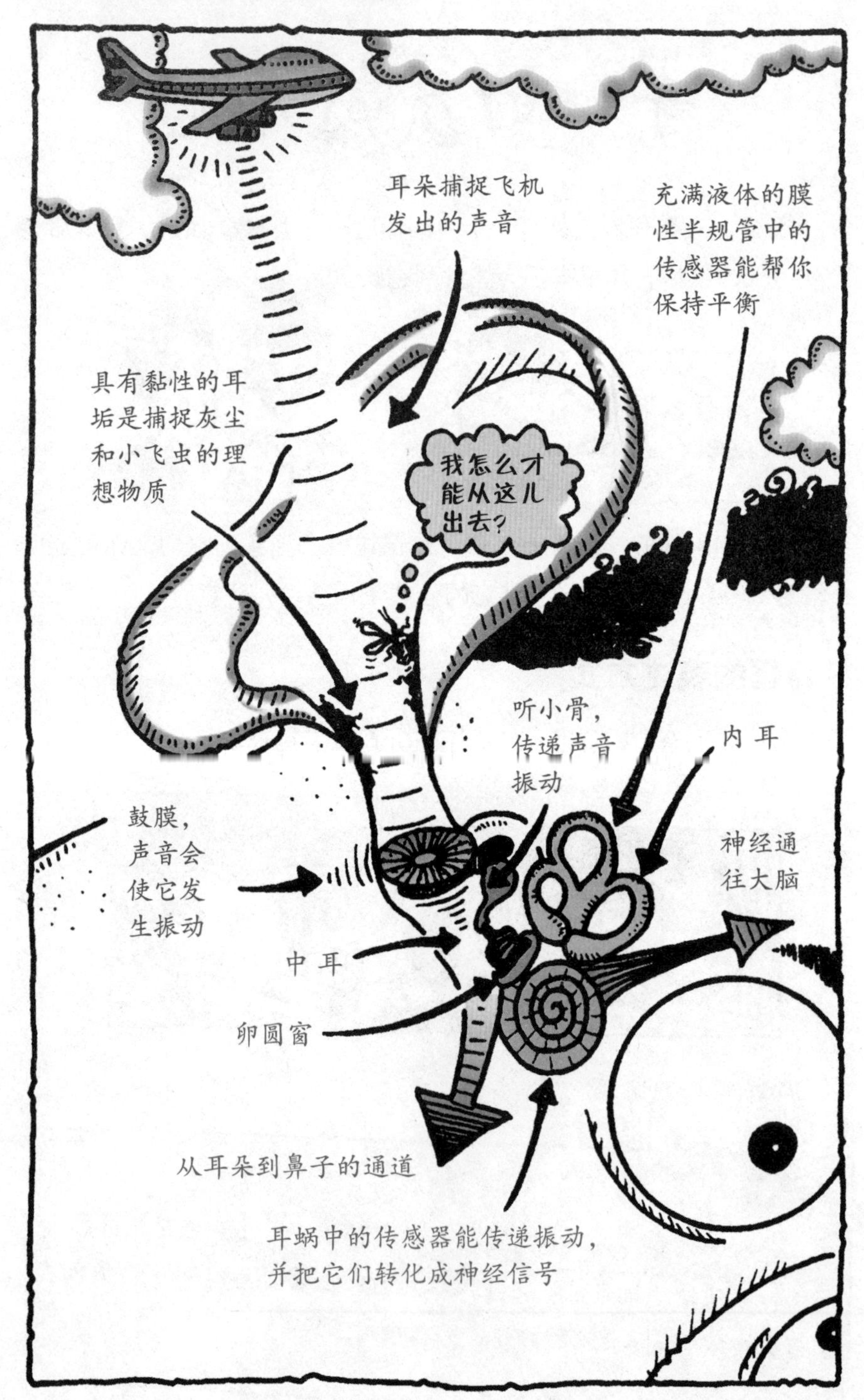
耳朵捕捉飞机发出的声音
充满液体的膜性半规管中的传感器能帮你保持平衡
具有黏性的耳垢是捕捉灰尘和小飞虫的理想物质
我怎么才能从这儿出去？
听小骨，传递声音振动
内耳
鼓膜，声音会使它发生振动
神经通往大脑
中耳
卵圆窗
从耳朵到鼻子的通道
耳蜗中的传感器能传递振动，并把它们转化成神经信号

耳朵是怎样工作的?

假设一只正在游荡的小虫，或者一只苍蝇偷偷溜进你的耳朵，看看会怎样：

1. 外耳道（这是唯一的入口）。

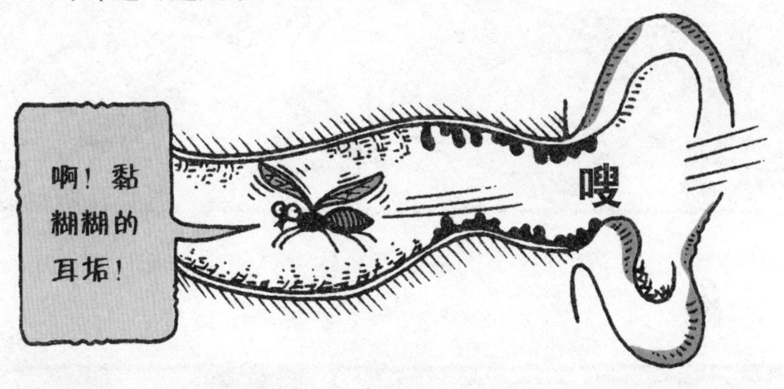

2. 鼓膜。

3. 在传递苍蝇“嗡嗡”声音的同时，中耳里的听小骨也在作响。

看懂这些名称是从哪里来的了吗？

4. 半规管。

科学家们用“管”这个词来形容身体中任何又细又长的空间。

5. 耳蜗。

这苍蝇真是天才，耳蜗这个名字果真是这么来的。（英语中耳蜗一词——cochlea在拉丁文中就是蜗牛的意思。）

6. 同时，神经也正“嗡嗡”地向大脑传递声音信息。

你能成为一名科学家吗?

你想成为一位优秀的声音专家吗？尽你的努力去预测一下这些声音实验的结果。如果你能答对，你将会很了不起。

1. 科学家们已经发现我们的听觉对某种频率的声音极其敏感，下面哪种声音我们听起来最清楚呢？

a）大声的音乐。

b）硬币掉到地上的声音。

c）老师讲话的声音。

2. 即使是演奏同一音符，每一种乐器听起来都有点不同。有些发出平滑的声音，而有些发出“咔嗒”声，或者刺耳的响声。这是因为每一种乐器都发出独特的声音振动，科学家史蒂夫·麦克亚当斯想通过试验看看人们是否能分辨出这些差异，他发现了什么？

a）人们无法分辨出这些声音的不同。他们认为各种乐器的声音听起来都是一样的。

b）人们对声音的区别非常敏感，即使史蒂夫用计算机把几乎所有音质的差异都加以处理，他们仍能分辨出不同的乐器。

c）由于志愿者出现了不同程度的耳痛，实验停止了。

3. 美国哈佛医学院的一位科学家研究了大脑里由于声音而引起的电信号。你猜他发现了什么？

a）悦耳动听的声音引起了杂乱无章的信号。

b）所有的声音都引起大脑里有规律的信号。

c）悦耳动听的声音引起了有规律的信号。可怕嘈杂的声音引起了杂乱无章的信号。

答案

1. c）是令人沮丧的正确答案。科学家们已经发现耳朵对500—3000赫兹的声音，即人们说话时的频率最敏感。所以，老师和朋友们的声音听起来是一样清晰的。因此不要在课上说悄悄话，否则老师可要给你苦头吃了。

2. b）正确。不仅如此，我们的大脑能在1/20秒内辨认出一种声音。我们之所以能辨认出一种特殊的声音，是因为过去听到的声音仍记在我们的脑子里。

3. c）正确。由于耳朵听到了声音，大脑里的神经才发出信号。因此，如果声音杂乱无章的话，那么脑子里的信号也会如此。

你肯定不知道！

美国加利福尼亚大学的心理学教授戴安娜研究了耳朵辨认不同音符的方法。她在每一个志愿者的耳朵旁弹奏不同的音调。

令人惊奇的是，即使她在那人的左耳朵边弹奏了一个高音符，可那人却认为他是通过右耳听到的声音。试验证明了右耳比左耳更想听高音符。听起来很怪吧！

可怕的听觉障碍

当然，声音的试验显然不能离开一个非常关键的因素，即听觉。志愿者必须首先能听到声音，可遗憾的是有的人却听不到。

听觉档案

名称： 耳聋

基本事实： 在英国，大约有16%的人听力有缺陷，20个人中就有一个有听力障碍。

可怕的细节：

1. 经常听嘈杂的音乐可以引起耳聋，它会毁坏与耳蜗相连的神经末梢。因此，对于你大吵大闹的弟弟妹妹最好加以制止。

2. 疾病会损伤听力，当你的中耳被感染，并被腮肿阻住的时候，你会出现暂时性的耳聋。

3. 人变老以后，耳蜗里的传感器就老化了，所以你要对着奶奶的耳朵大声喊。

有用的助听器

现在耳聋的人可以借助助听器或耳蜗移植器。助听器是一种与放大器相连接的小型麦克，可以使听到的声音变大；耳蜗移植器是一种安装于皮肤下面的微小无线电接收器，可以接收装在耳后的一个小装置传来的无线电信号，然后移植器再把无线电信号变为电脉冲，由神经传入大脑。怎么样，不错吧！

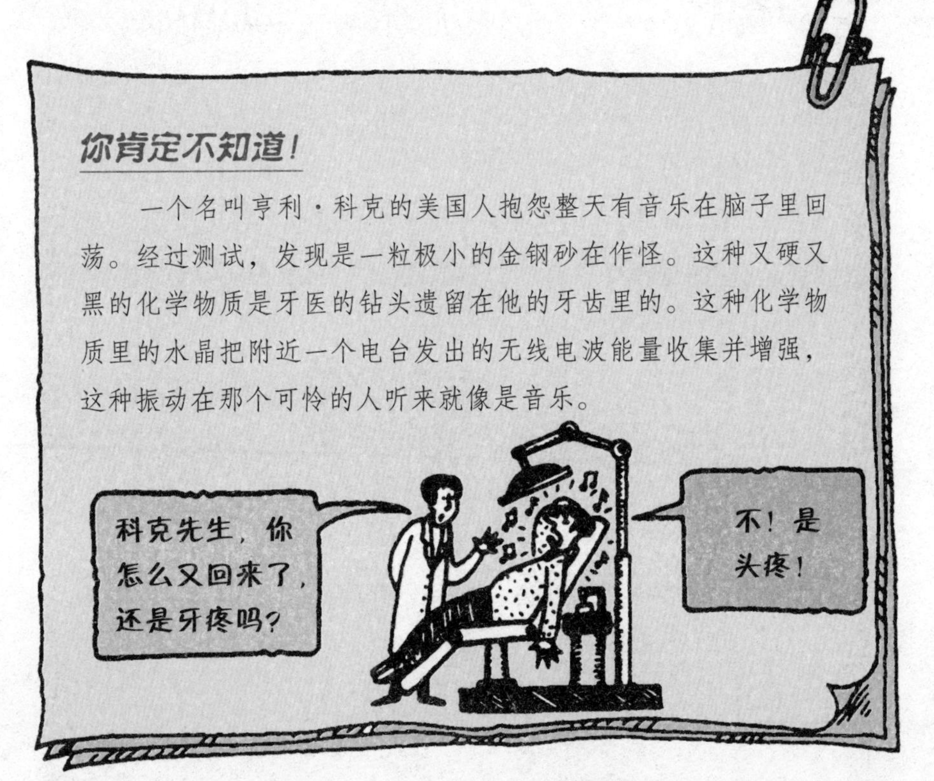

在现在的助听器发明之前，也就是大约1900年时，人们不得不用喇叭形助听器增强听力。

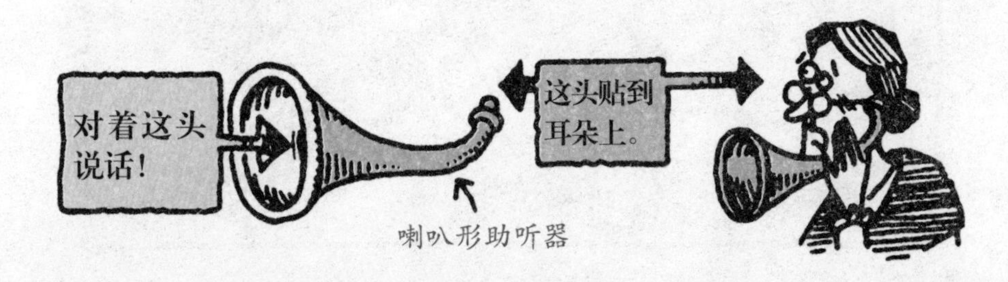

你对着喇叭助听器喊，声音会通过它传到奶奶的耳朵里而不会跑掉，因此奶奶听到的声音就变大了。

但是耳聋对音乐家会有什么影响呢？对他们来说没有什么比听觉更重要的了。让我们来看看德国作曲家贝多芬（1770—1827）的故事吧！

耳听为实

一些人认为他是天才，一些人说他是个疯子，甚至有些评价更粗鲁。贝多芬出生在一个音乐世家。他的祖父鲁特维克是波恩宫廷乐团的乐团长，父亲是一个男高音歌手。贝多芬自幼便显露出他的音乐天赋。他的音乐创作来源于田园乡村，潺潺的流水、狂风暴雨，还有鸟儿的啼鸣。他的创作令人激动，具有戏剧色彩的曲调反映出他对生活和艺术的强烈热爱。出色的听觉使他闻名世界。但从1800年起贝多芬开始被耳朵里的嗡嗡声所困扰，已经有了失聪的先兆，他曾为这种不祥之兆而感到惴惴不安。但这些状况并没有好转，在以后的20年里他的听觉逐渐丧失。他不得不采用各种奇形怪状的喇叭形助听器，最后经检查发现，是中耳听小骨的毛病使他变成了聋子。

他试用了许多种治疗方法，但都无济于事。

▶ 在臭水塘洗冷水澡。

▶ 把杏仁油滴到耳朵里。

▶ 耳旁戴上一条一条的树皮。

▶ 手臂上打上难以忍受的石膏，直到手臂起泡为止。

贝多芬无法听见人们说话，不得已，他和朋友们只能在纸上交谈。

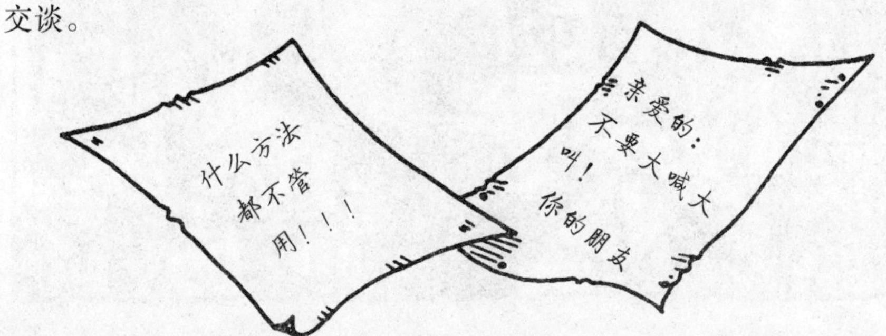

贝多芬曾教他的侄子卡尔学钢琴，并夸口说卡尔十分聪明有天赋（贝多芬想：这简直是理所当然的，因为卡尔有世界上最好的老师）。贝多芬很幸运，因为他听不到他侄子糟糕的演奏。事实上，耳聋使他非常痛苦。他不愿经常换洗衣服，身上便开始发出难闻的气味，他也从来不梳头。（你千万别在这些方面以他为榜样——人可不会因为不洗澡而成为天才。）

因为耳聋，在他亲自指挥演奏自己作品时已无法听清音乐了，许多音乐会都因为他的指挥而变得一塌糊涂。因为他指挥得太慢了！

令人惊讶的是，耳聋并没有损害他的作曲才华。一些专家认为他干得更出色了。他已习惯于用头脑想象音乐的旋律，而不是用耳朵听。贝多芬还用一种“绝招”来帮助自己“听”钢琴演奏。

你愿意尝试一下贝多芬的“绝招”吗？

你需要：

- 一条0.5厘米宽的橡皮条
- 两排牙齿——最好是你自己的

步骤如下：

1. 用两根手指撑紧橡皮条，并拨动它。注意声音有多大。

2. 用嘴咬住橡皮条的一端，用一只手拉紧另一端（千万别松手），另一只手拨动橡皮条。

你注意到了什么？

a）第一次发出的声音更大。

b）第二次发出的声音更大。

c）第二次发出了一个更高的音。

答案

b）正确。因为声音的振动通过头骨直接传递到你的内耳，头骨非常“善于”传播声音的振动。贝多芬就是用牙咬着鼓槌，来感受钢琴的振动。

但对另外一些人来说生活则更加艰辛。设想一下：如果你既看不到又听不见，那你的世界将是怎样一番景象？它将充满黑暗与沉寂。而一个又聋又瞎的孩子又将如何学习呢？这就是海伦·凯勒（1880—1968）面对的挑战。她既聋又瞎，也不知道该如何说话。下面让我们来听听海伦的老师安妮·沙莉文讲述的故事……

奇迹的出现

1927年春，美国，波士顿

一名年轻的记者正紧张地进行着一次采访，因为他的上司——《环球日报》的主编正在办公室里不耐烦地等着他的重要稿件。

“这么说，安妮——如果你不介意我这样称呼你的话——你做海伦的老师已经好多年了，她究竟是个什么样的女孩儿？”被采访的老太太淡淡地一笑，说：“她小的时候很顽皮，打碎过妈妈的盘子，把手指插进爸爸的食物中，她还会追着打奶奶，把她赶出屋子。”

记者扬了一下眉毛，不在笔记本上乱画了。

“这样说来，著名的海伦·凯勒有点儿像个野孩子！我们的读者一定会感到非常意外。”

“自从海伦婴儿时期得过一场病以后，她就再也听不见了，也看不见了。她知道人们是用嘴唇说话的。她也想这样做，但是不能，因为她从来没有学过怎样说话，她非常苦恼。所以她变得愈加暴躁，差点让父母发狂，她的伯父甚至想把她锁起来。”

老太太顿了一下，喝了口茶。

“当她的父母见到你时一定很高兴，因为你曾做过聋孩子的老师。”

“不错，他们确实很高兴。他们曾经尝试各种方法与海伦沟通，有时也有意地教导她利用肢体语言表达和沟通。虽然经常面临失败，但海伦还是学会了用触觉去感受周遭的事物。但她的肢体语言只有父母才能看得懂。尤其是他们想到自己终有年老体衰的一天，到时候如果海伦仍不能与人沟通，那她的遭遇一定很凄惨，他们在绝望中给我工作的慈善机构老板写了信，要求找个家庭教师。这样，我得到了那份工作。海伦似乎并不高兴，我对海伦与我初次见面的情景仍然记忆犹新。”

“我想抱她一下，可她却像只小野猫一样挣脱了。”

记者把钢笔别在了耳后。

“大名鼎鼎的海伦·凯勒竟会像只小野猫。”他笑着说，“那你肯定要教训她一顿。”

老太太看起来很吃惊，她放下茶杯说道："不，不，我从不打她。我不光要当她的老师，还想成为她的朋友。但有时候，我的态度必须得强硬些……"

"对，不错，"记者插话说道，"不过我们的读者更想知道你是如何教海伦的。我们都知道她既聋哑又瞎。"

"那的确是个难题。我开始时整天想通过轻敲她的手掌来让她明白我的意思。那是一种特殊的代码——字母表里的每个字母对应一定的敲击次数。但她不能理解，真让人失望。"

"我想那种敲打对她来说毫无意义，因为她不会阅读，根本连字母是什么都不知道。"

"是的，这一点我也清楚。但那时候，我想海伦也猜到有人正在努力与她交流。那时她自己已能做些手势。比如说，当她想吃冰淇淋的时候，她会假装打哆嗦。"

记者开始不耐烦地用手指敲着鼓点。"安妮，你确实遇到了难题，最终你是怎样让她明白你的意思的呢？"

“别着急，年轻人，我就要说到这儿了。有一天，我们俩出去散步，看见一个妇女正在打水。突然我灵机一动，我把海伦的手放在水流下，然后轻轻敲她的手掌拼出了‘W—A—T—E—R（水）’这个词。她茅塞顿开！我知道该怎么做了，以后我让她触摸、品尝或闻东西，比如说，她用手在海浪里划水以后知道了大海，然后我就教她如何用轻敲的方法表达。后来，我又如法炮制教她海浪是什么样的。嗯，就像你现在这样用手指敲打。”记者马上停止敲鼓点儿了。

“对海伦来说，这种突破是难以想象的，太难以置信了！想象一下吧，你被黑暗与沉寂封闭了七年，突然有一天，你意识到有人正尽力与你‘交谈’，你又会有何感受呢？从那以后，海伦奇迹般地突然改变了。她不再调皮了，并且学得很用功。”

记者看了下表，他的时间不多了，他还想给稿子加点作料，于是新的问题冒了出来。“但现在海伦能说话呀！你又是怎样教她说话的呢？”

“海伦知道声音是由振动产生的。当我说话时，她能触摸到我喉咙的振颤。”安妮把她干瘪的手指放在自己细瘦的脖子上，“我们请来了福勒小姐，一位语言学家。通过触摸这位老师的喉咙、舌头和嘴唇，海伦明白了声音是如何发出来的。接着，她自己开始尝试。海伦最先会说的几个单词是‘我感到热’。那是她上了10节课后取得的成绩，海伦坚持不懈地努力学习，终于……”

“你们俩周游了世界，”记者边套上外套边打断说，“海伦以后做了许多关于盲聋人需要的出色演说。”

“是的，”老人同意道，“我们至今仍生活在一起。谢天谢地我们现在有女管家波莉。如今，我上了年纪，海伦差不多都由她来照顾。现在她们正在城里购物。”

记者打了个哈欠，可老人仍继续讲着：

“要知道，海伦在各方面都有天赋。我相信你一定知道海伦上了大学并获得了学位，这全是靠她自己。”

记者咬着铅笔，听得有些不耐烦，他诡秘地一笑，似乎嗅到了新的线索。

“安妮，这真是不可思议的事，但是我们的读者都听过这些了，老师尽心尽力去帮助小女孩探索未知世界。事情总有另一方面，有些人声称海伦并不聪明，是你为她做了一切。对于这些人，你能说些什么呢？”

老妇人看着这个年轻人，有些茫然。接着她面带愠色。“嗯，那正是你的错误所在，”她强烈反驳道，“是海伦自己完成了学业。事实上，海伦很聪明，但那不是事情的关键。你知道，我现在也失明了，看不清东西了，但我逐渐了解到即使是普通人，如果失去视觉和听觉，他仍能做出了不起的事情。是海伦帮我认识到这一点。”

记者猛然一惊，安妮的话让他想到了这篇报道的题目——“凡人奇事”。他边想边合上笔记本。

听觉对于普通人来说就是这样——微小的空气振动使你的听小骨发出“咯咯”的声音。声波看上去好像无害，难道不是吗？事实恰恰相反，声波相当可怕，它能震碎窗玻璃，毁坏房屋，还能把整架飞机震成碎片。现在我们将一路颠簸，所以系好安全带，准备迎接湍流。

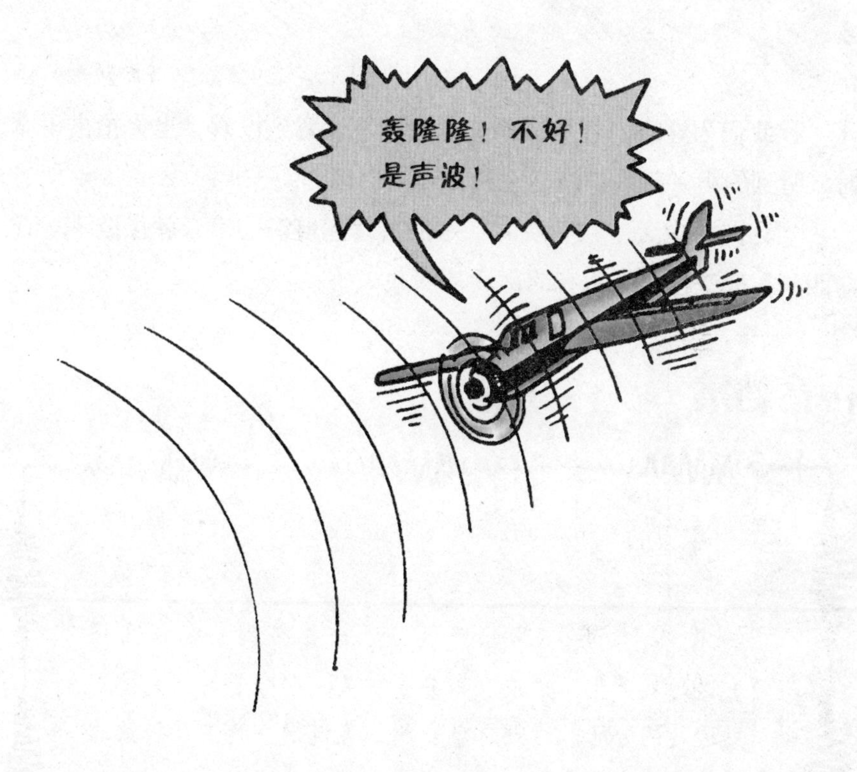

飞速的声波

让我们为这章内容热情地鼓一次掌。注意到没有，当你拍击手掌时，听到的声音就是声波，它就在你的周围。

当你向水中丢一粒石块时，水面会荡起涟漪。声音就像涟漪一样向四周扩散，但不是所有的声波都如此……

声音档案

名 称： 声波

基本事实： 微小空气分子被推挤到一起，又撞开，这时就产生了声波。当分子跳离一些分子时，又撞到了更远处的分子。这样你就获得了像涟漪一样向外扩散的撞击前进的声波。

可怕的细节： 当钟声响起时，站在它们旁边是很危险的。从巴黎圣母院的大钟传出的巨大声波能够震爆鼻子里的血管，所以旁边的游客常出现鼻子流血的情况。

只有当周围的空气或其他一些媒介传递声波时，你才能听到声音。太空没有空气，所以你根本听不到声音。即使你被外星怪兽攻击，也没人能听到你的呼救声。

科学家用一种叫做示波屏的神奇仪器来测量声波，声波在屏幕上显示出一列跳跃的电子光束（微小的高能粒子）。

声波在屏幕上就是这个样子，看起来像……

一组声波显现出来像曲线或折线，波峰越高，振幅越大，声音也就越大。

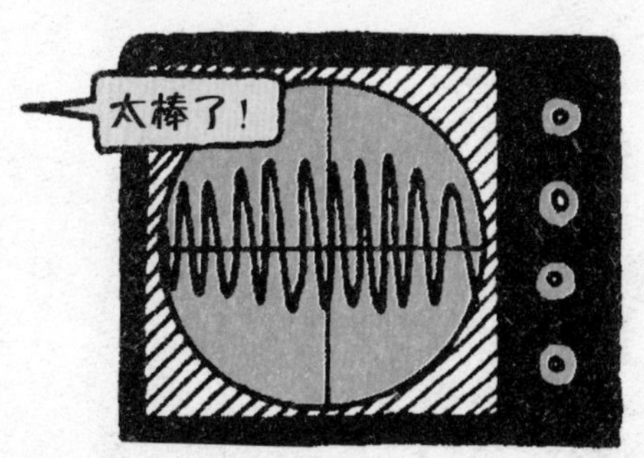

振动越快=相邻波峰越近=频率越高=声音的音调越高

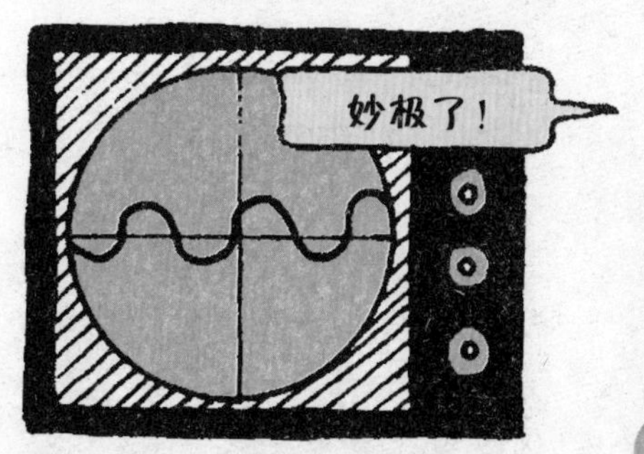

振动越慢=相邻波峰越远=频率越低=声音的音调越低

奇妙的频率

频率是以赫兹来计量的——即每秒的振动次数。还记得吗？异常灵敏的耳朵能够接收到大约每秒25次的低频声音和每秒2万次尖锐的高频声音。

高频声音包括：

▶ 老鼠的吱吱叫声。

▶ 见到老鼠以后人的尖叫。

▶ 自行车链条缺油时发出的吱嘎声。

低频声音包括：

▶ 熊的咆哮。

▶ 你父亲早上的怒吼声。

▶ 午餐前肚子发出的咕噜声。

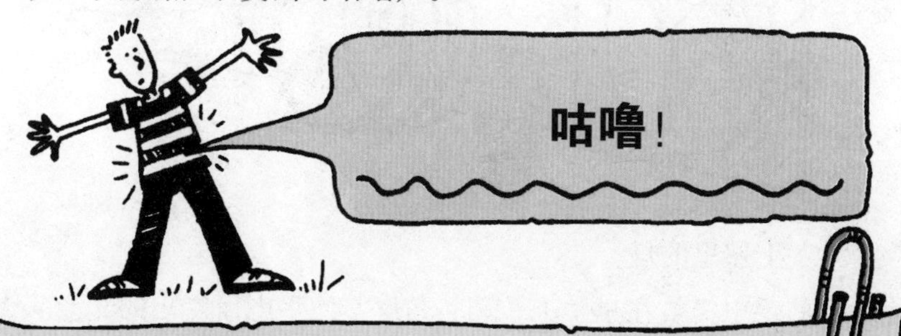

你肯定不知道！

小的东西振动快，那就是为什么它们发出的声音比大物体的高，这也是为什么你的声音比你父亲的听起来高，小提琴的声音比低音提琴高。

长大以后，喉咙中的声带使你发出的声音频率变弱，因此声音也就变得比较低沉。

你想试一试怎样看到声波吗?

你需要:

- 一个手电筒
- 一张保鲜膜
- 一个去掉底的圆形蛋糕盒子
- 一条长橡皮筋
- 一卷透明胶带
- 一片厨房里用的锡箔纸

步骤如下:

1. 如图所示，将保鲜膜拉平，紧绷在蛋糕盒子的底部，用橡皮筋将其固定好。

2. 用透明胶将锡箔片固定在保鲜膜的边缘部位。

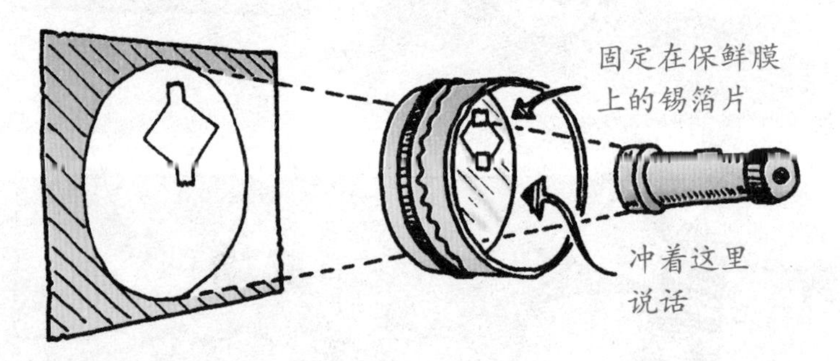

3. 关上屋里的灯。

4. 将手电筒放在桌子上，调整角度，使手电筒发出的光能从锡箔片反射到墙上去。

5. 冲着蛋糕盒子的另一个底面说话。

从反射出来的影像中你能发现什么?

a）影像来回跳动。

b）影像一动不动。

c）影像随着声音大小时亮时暗。

答案

a）正确。因为你发出的声音中的声波会使保鲜膜和锡箔片振动，而影像恰好反映了这种振动。

考考你的老师

现在轮到你探探老师的虚实了，让老师做做这些是非判断题，然后要求他做一个更棘手的作业——再让他解释为什么。

注意：答对每个问题可以得2分，但是如果他们只知道对错而讲不出其中的道理，那他们就只能得1分。

1. 即使是在游泳池里你也可以听见水底音乐会的声音。

（正确 / 错误）

2. 你可以用声音来测定一秒钟内一只苍蝇拍打翅膀的次数。

（正确 / 错误）

3. 在热天你能更快地听到声音。

（正确 / 错误）

4. 如果你居住在一个铅盒里，你就听不到任何从外界传来的声音。

（正确 / 错误）

答案

1. 正确。声音很容易通过水来传播，这就是为什么即使你把橡皮筋放进水中，你仍然能够听见拨动它所发出的声音。声波通过水分子传播与它通过空气分子传播的方式是相同的。不过音乐听起来会非常沉闷，因为水会进入你的耳朵并使鼓膜不能正常振动。（你可以认为这是一个陷阱，并且选择“错误”，因为没有人能够长时间地屏住呼吸。）

2. 正确。科学家知道每秒钟内任何一个音符的振动次数。他们需要做的只是找到一个和苍蝇拍打翅膀的声音一样的音符，苍蝇翅膀拍打的速度就等于该音符的振动次数。用这种方法科学家们已经发现一只苍蝇的翅膀一秒钟能拍打352次。

3. 正确。当天气变热时，分子就会有更多的能量，运动速度也就更快。但是声音的传播速度大约只增加百分之三，所以你可能注意不到这微不足道的差别。

4. 错误。声音很容易通过固体金属传播，不过和钢相比较，它通过铅的速度确实比较慢[illegible]声波通过铅的速度是每小时4319千米，而声波通过钢的速度是每小时18 111千米，但是你依然能清晰地听见声音。

老师的成绩

如果他得了7—8分，这有两种可能：第一，要么说明你的老师是个天才。让他（她）当老师真是埋没了人才，太浪费了，我们正在和一个可能获得诺贝尔奖的人打交道。第二，但是更为可能的是他已经读过了这本书。这样的话他就是不称职的，因为他撒谎了。

如果他得了5—6分，那还说得过去。但是他应该做得更好，不过一般的老师都是这个水平。

如果他得了1—4分，那么你的老师可能看上去知识渊博，但实际上应该多做点儿功课了！

你能成为科学家吗？

一位名叫克里斯汀·多普勒（1803—1853）的奥地利科学家发现了一种世界上最奇妙的声音效应。但是在1835年的时候，年轻的多普勒曾一度非常绝望和伤心，甚至准备离开奥地利 。因为他找不到工作，只得变卖全部的家产，准备前往美国。

在动身前的最后一分钟他收到了一封信，邀请他担任布拉格大学的数学教授。这真是一个天上掉下来的馅饼。因为就是在那里，多普勒发现了为后人所称道的多普勒效应。

多普勒认为当一种运动的声源经过时，总会以相同的方式变换着音调（频率）——这就是多普勒效应。当声波向你逼近的时候，它们互相碰撞挤压，所以你听到的声音频率高、速度也快。而当声音离你远去的时候，你就会听见它的频率变低了，因为声波向更广大的范围扩散开去。

为了验证多普勒这个不可思议的观点，一位名叫克里斯托弗·伯爱斯·巴洛特（1817—1890）的荷兰人做了这样一个试验，他让一车厢的号兵吹着号从身边呼啸而过，你猜猜他听到了什么？

提示：这个实验验证了多普勒的正确。

a）号兵越近，声音越高。当他们远去时，声音变低。

b）这些号兵驶近的时候，号角的声音越来越低。当他们驶离时，声音越来越高。

c）号兵吹跑了调，火车的轰鸣声快要淹没了号角的声音。

答案

a）。还记得吗？声波的频率越高，声音就越高。如果你站在喧闹的马路旁听汽车从身旁经过，就会亲耳听到多普勒效应。如果你的答案是c）给自己打半分。这些问题确实会出现，但还不至于坏到影响实验。

超音速科学家

你看到过在远处燃放的焰火表演吗？你难道从来都没有怀疑过为什么先看见五彩缤纷的焰火之后才能听见“砰砰”的响声？你难道没想过这是为什么吗？

这说明光的传播速度要比声音快。但是到底声音传播得有多快呢？一位名叫马林·梅赛纳（1588—1648）的法国传教士设计了一个很高明的方法来测量它。

他找了一个朋友发炮，自己则站在远处计算从看见炮弹发射时的闪光到“砰”的声音传到他耳朵里这期间的时间差。但是他没有准确的钟表，所以只能用数自己心跳的方法来计算。

实际上他做得还可以。科学家们在准确地测量出声速之后，发现了马林测得的数字——每秒450米，只快了一点儿。但这可能是马林太激动了，漏记了心跳次数所致。

1788年的一个寒冷的日子里，两位法国科学家先后朝18千米开外的地方开了两炮。第二炮为第一炮提供了复查材料，而且两枚炮弹之间的距离都在科学家的望远镜观测范围内，他们计算了从看到闪光到听到声音之间的时间差。

但是科学家要想更精确地测量出声音的速度就确实需要高精度的测量仪器。因此，法国科学家亨利·勒尼奥（1810—1878）制造出一台极富创造性的声速测量器。它会奏效吗？或者只不过又是一次失败的尝试？

实验步骤

1. 滚筒匀速转动，在它上方的笔就会在滚筒上画出一条线。

2. 这支笔同时由两条电线控制。

3. 开枪的同时电路就会马上断开，滚筒上方的笔也会随之跳到新的位置。你可以把它叫做“跳跳枪”，哈哈！

4. 声音振感器一接收到声音信号，电路就又会立即接通，笔也随之跳回原来的位置。

勒尼奥知道滚筒转动的速度，再根据笔所记录下的标记之间的距离，就可以知道实验所花费的时间，他以此计算出声速是以每小时1220千米的速度传播。

虽然勒尼奥在测量声速上付出了辛劳的汗水，可人们却以另一位科学家的名字来命名声速单位。

科学家画廊

恩斯特·马赫（1835—1916） 国籍：奥地利

马赫10岁的时候就对学校里的功课感到厌烦，老师们告诉他的父亲，马赫是个“笨孩子”。

“那么老师说他笨了之后呢？”也许你会这么问，别急！之后嘛，马赫的爸爸妈妈并没有为难他，而是把他带回家。最终，他成为一名天才科学家，也许你也想用同样的方法试一试你的爸爸妈妈，不过我可要怀疑它这回是否奏效。

马赫的爸爸以养蚕造丝为生，对科学也很感兴趣。他的妈妈十分喜爱艺术和诗歌。就这样，两个人决定在家里教小马赫。上午小马赫学习功课，下午，他就在家里帮助养蚕。到了马赫15岁的时候，他又回到了学校，自然科学成为他最喜爱的学科。接着，他又继续在大学里任教。由于贫穷，他决定研究声学（这样就不需要购买昂贵的实验仪器，自己的耳朵就足够用了）。

马赫在1887年开始研究那些比声速还要快的炮弹。他发现炮弹前方被分开的气流在超音速（即比声音还要快）的情况下会改变方向。这样，就保证了枪弹在超音速的状态下仍可以平稳地飞行。

然而直到1929年，一些科学家才开始梦想飞机能飞得比声音还要快。为了纪念马赫这一伟大发现，他们决定以马赫的名字做声速的计量单位（1马赫等于一个声速单位）。但科学家们遇到一个棘手的问题——没有人能够在那么快速的环境下生存。

死亡旋涡

虽然马赫证明了炮弹能够以比声音还要快的速度飞行，但在途中炮弹的弹身会遭到很多损伤。当飞行体以接近声速的速度飞行时，那些形成声波的气流不能及时地扩散开。于是空气都堆积到了飞行体的周围，形成一个看不见的巨大涡流——死亡旋涡。这个气流的震动和冲击力足以将飞机撕成碎片。

直到1947年，所有曾经以接近声速飞行过的飞行员无一幸免。他们管这叫做“音障”。

但在美国加州一个秘密的飞机场，一个年轻人拥有一架为高速飞行而特殊加固的飞机，梦想着有一天穿越“音障”。悲剧会再一次上演吗？让我们来看一看其中一名工程师在当时保留下来的日记，大致内容是这样的：

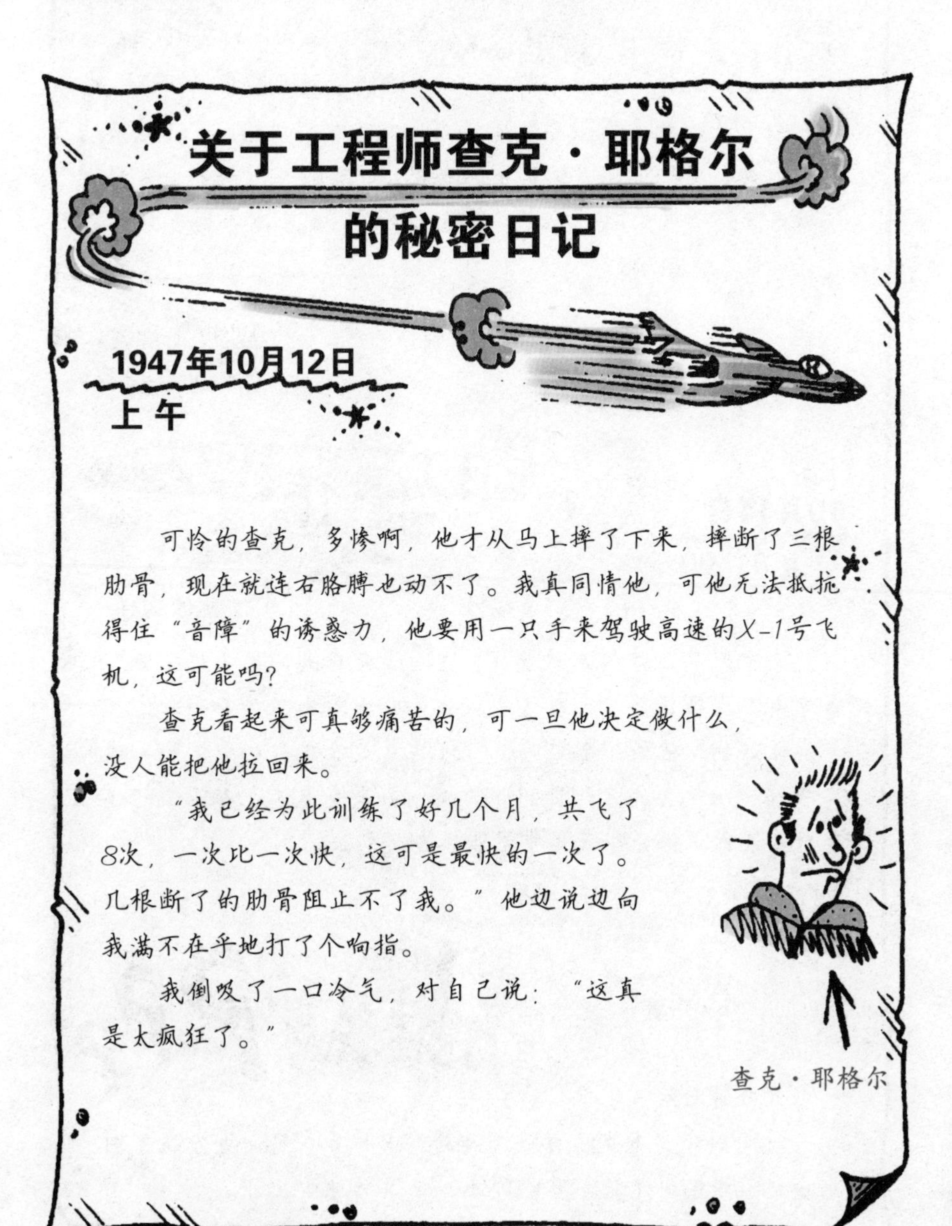

我知道没人能阻止他，于是决定还是帮帮他。

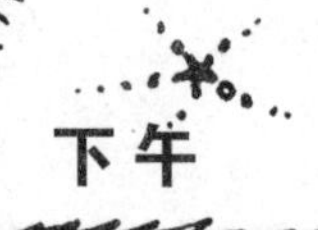

下午

查克的伤带来的主要麻烦是他的左手够不到舱门。于是我就在工具柜里翻出了一根拖把，我把拖把棍按尺寸锯好，他就可以借助这个棍关门，可就不知道在20 000英尺高的高空上还能不能派上用场。

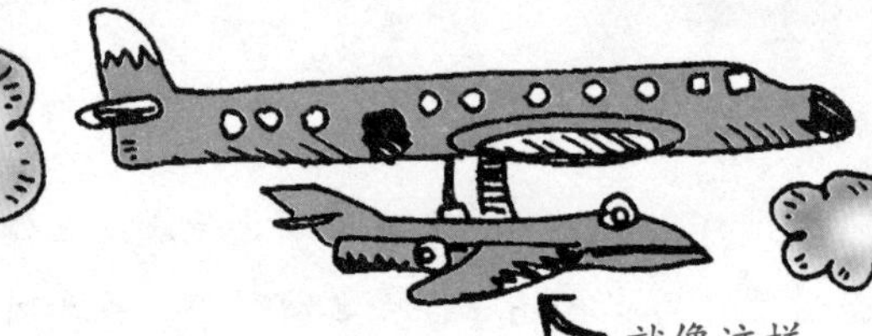

10月14日
早上8：00

我们刚从轰炸机基地起飞。X-1号就在我们的飞机下面，查克看上去很镇静，可我还是从他的脸上看出了痛苦的表情。“我挺好的”他做了个鬼脸，“可我总是在想那些曾试图冲破‘音障’而死去的飞行员们。”哎！如果查克连死都不怕，还有什么能阻止他呢？我真希望能想些好办法。

几分钟之后……

时间到了，查克从梯子上爬进了X-1号，我向查克道了别之后就不禁想到还能否再见到他，我真为他捏把汗。

之后，我就听到X-1号机舱门被熟练地锁上时发出的咔嚓声，大概是拖把杆帮了大忙，可如果查克真的出了事，那我可罪责难逃。

通过无线电与X-1号联络，我听到查克抱怨道：“噢，这儿太冷了。”

嗯，我并不感到奇怪。那架飞机上装有几百加仑的液氧燃料，它们必须贮藏在零下188℃的地方。那儿冷得足以把整个挡风屏从内部冻上霜。幸运的是，我们及时想到了用洗发水来解决这个问题。这可是个绝妙的方法！我们在玻璃上涂了一层洗发香波。

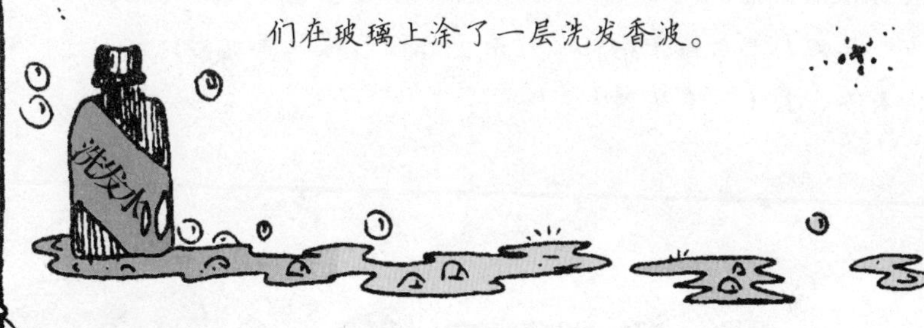

上午 10：50

“准备就绪，”我们机上的飞行员紧张地宣布，他开始倒计时，5……4……3……2……1……”

我们的心都提到了嗓子眼儿。查克真的能用一只手驾驶X-1号吗？我应该阻止他吗？“停！”

但一切都已经晚了，查克已经上路了。

查克拨动了点火开关，几秒钟后X-1的发动机便启动了，假若这时燃料附近有一枚微小的火星，X-1便会在瞬间炸成碎片。好在这次点火一切顺利，飞机开始滑行了！

“我开始跑起来了！”查克扯着嗓子大叫。

可我们还不能高兴得太早。

查克遇到了大涡流，“音障”出现了，接下来的片刻时间真让人捏了一把汗：X-1会像其他飞机一样摔个七零八落吗？时间一秒秒地过去，我们听到的却只有沉寂。

突然，一阵隆隆声传入耳中，难道是雷声？不，这是查克那架比声音飞得还快的飞机发出的声音。查克成功了！X-1号机正以1.05马赫平稳地飞行着，已经打破了声速的纪录！这是真的，真的，真的呀！

下午2：00

重新回到地面的感觉真好！我的魂都吓飞了。

此时查克满脸都洋溢着喜悦的笑容，看起来一副得意至极的模样。我禁不住问他此时做何感想：

“不算太糟！”他笑着说。

不算太糟！对一个断了三根肋骨的家伙来说还不算太糟！

不可思议的声震

查克·耶格尔已经向世人证明，我们完全能以超音速的速度平稳、安全地飞行。如今，像协和式之类的喷气式飞机正不断地突破着“音障”。

如果你碰巧在那附近就会听到飞机超音速飞行时的声音。还记得当查克的飞机突破声速大关时制造的雷鸣般的声音吗？你将听到类似的声响。它令你的窗户嘎嘎作响，屋顶的烟囱东摇西晃，甚至有可能把你心爱的仓鼠吓得精神崩溃。而所有这些要命的力量源自何处？嗯——空气，无以计数的空气分子挤压在飞机的头部，又从尾部冲出，当它们撞到地面时，你就听到这些不可思议的声响，我们称之为声震。

你是否有胆量尝试如何听到声震？

现在你就有机会检验一下自己制造的声震——换句话说即隆隆的雷声。闪电其实是因暴风雨时云间电荷增加而聚集产生的灼热的电火花，它使周围的空气升温，同时产生比声音传播速度还快的巨大振动。我们称之为雷声的声震由此产生，你有足够的勇气去探索其中的奥秘吗？

紧急健康警告

实验过程中尽量避免：

a）遭到闪电袭击。 b）被雨淋透。 c）让家人胆战心惊。

事实上你可以在家中出色地完成实验，但要能确保神经紧绷的父母、兄弟姐妹和家中的宠物们在室内安然无恙。

你需要：

- 一场暴风雨
- 你本人
- 一块带有秒针的手表

步骤如下：

观察雷声和闪电。

1. 你注意到了什么？

a）雷声总是比闪电先出现。

b）闪电总是比雷声先出现。

c）雷声和闪电总是同时出现。

记下看到闪电和听到雷声中间间隔的秒数。

2. 你注意到了什么？

a）两者之间的时间差总是不变的。

b）雨下得越大，时间差越大。

c）时间差长短不定，无规律可循。

答案

1. b）正确。由于光的传播比声音快，所以你总是先看到闪电后听到雷声。

2. c）正确。闪电一出现，你几乎就可以立刻看到它，而雷声则不然。当暴雨向你移动时，雷声传入耳中所需要的路程变短，你就能早些听到它；当暴雨渐渐远离时，雷声传入你的耳朵所需要的时间就会变长。根据这个原理，你可以用看到闪电与听到雷声间的时间差来计算暴雨产生的大致位置。雷声传播的速度约为每秒340千米。

如果你认为雷声震耳欲聋的话，下一章的声音会让你感到刚刚那些只不过是蚊子的饱嗝声。赶快把你的耳塞找出来（首先确定它们是干净的），做好被吓破胆的准备！

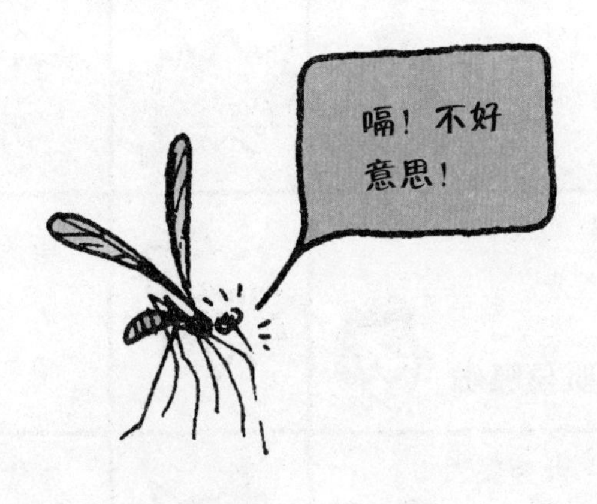

声音的震撼

你听到过的最大声音是什么？小弟弟或妹妹的号啕大哭？祖父的呼噜声？还是你曾听到过的其他什么不同凡响的声音？比如一场流行音乐会？飞驰而过的高速火车？下面是关于声音强度比较的表格。

声源种类	音量大小	对你的影响
上自然课时，你一不留神把糖纸掉到地上。（哦！） 	10分贝	声音小到没人注意（过后别忘了捡起来）。
你在课上对好朋友窃窃私语。 	20-30分贝	嘘！同学们能听到噢！
开始和好朋友喋喋不休地聊起天来。（叽里呱啦） 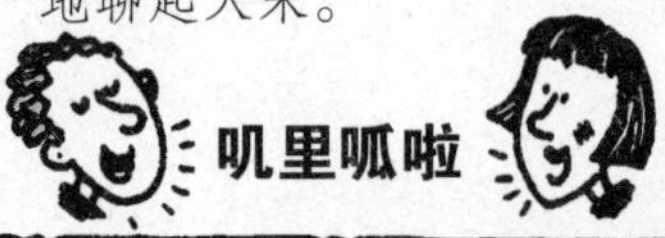	60分贝	老师现在也听到了，这下可糟了！
全班同学开始侃大山。 	75分贝	哇！快把耳朵捂起来！

科学家用贝尔和分贝（1分贝=10贝尔）来衡量声音的强度，这是以英籍美国人亚历山大·格雷厄姆·贝尔（1847—1922）（见第101页）的名字命名的。顺便提一下，有一点迷惑人的是每当你把声音提高3分贝，声音的强度就变成原来的2倍。所以4分贝的声音大概有1分贝声音的2倍那么响。

紧急健康警告

我们中途打断是要警告你，它制造的声音是飞机望尘莫及的，它的出现就在下一页，快趴下！

啊啊啊！！！

科拉卡托，印度尼西亚——1883年8月27日，上午10点钟

黑沉沉的天空中飘浮着灰烬和灼热的火山岩熔渣。几个月以来那座岛屿上的3座火山已经发生了几次小规模爆发，几个小时前两座较矮的火山喷发导致了巨大的海啸，成千上万的人陷于被淹死的恐惧之中。后来海里甚至出现了一个巨大的洞！

这次爆炸无疑是有史以来声音最响的一次，炽热的火山熔岩混合着海水导致了一场巨大的蒸汽爆炸，就像沸腾了的开水壶。这个炸雷般的巨响相当于1.5亿吨炸药爆炸。毫无疑问，在印度洋的另一端都能听到这声巨响，并且，它能把在3250千米以外的澳大利亚居民从床上掀下来。

同时空气的爆炸席卷了整个世界，在地壳震动返回科拉卡托之前，也就是爆炸过后19个小时抵达南美洲时。这个声音冲击波在地球上已经循环了7次！

哇！那可真是像个超级炸弹！

考考你的老师

如果你按我的方法在老师喝茶休息时去捉弄他，将使他感到极为不快。轻轻地敲房门，当它“吱呀”一声打开后轻声问道：

答案

噢，光是想想就能让人哆嗦。指甲划下会产生这种声音是因为指甲划在板面上产生大量摩擦，导致高频率振动，这样你就听到了可怕的噪声。这些高频振动很不均匀，听起来毫无韵律，或许这就是你一听到它就起鸡皮疙瘩的原因。

噪声干扰

1. 你被噪声吵得难以入睡吗？或许你有个不安静的邻居；一个哭闹不止的小弟弟；吵得你不得安宁的鹦鹉；或许你住处附近交通嘈杂。振作起来。研究表明你甚至能在40—60分贝的噪声下入睡，只要你适应了，就可安然入睡。

2. 这没有什么新鲜的。早在古罗马，恺撒大帝就通过了一项法律，禁止吵人的马车在夜间行驶，它们使人无法入睡，只是马车夫并没注意到。

3. 但是再大一点的噪声就让人头疼了——确实如此。追溯到20世纪30年代，科学家们发现工厂工人戴上防噪声的耳罩后工作得更努力了。而工作在有噪声地方的人们则经常在完成一天工作后情绪很坏（当然，那也许是他们发脾气的借口）。

4. 震耳欲聋的噪声真的能损害你的健康。科学家们警告130分贝的噪声能引起以下症状：

5. 20世纪70年代，美国宇航局的科学家们设计了一台能制造出噪声的机器，它的噪声可达210分贝（住在它的隔壁岂不有趣？）这种噪声的声波非常之强大，能在固体物质上打一个洞。

6. 据报道，1977年驻英的美军基地计划建立有效的声音武器，用声音作为防御系统。此设备所产生的声波会使任何一个闯入者的肠子剧烈震动以至于他们急着上厕所。（听起来真可怕！）

7. 法国的科学家们发明了一种更致命的武器，这种武器以航空发动机做动力，能制造强力“次声波”。这种声音低到我们无法听见，但是这种可怕的声音使人感到头晕恶心，甚至损害人体的重要器官。事实上，这种声波在7000米以内能置人于死地。但愿人们永远不用这种恐怖的武器——但是普通的声音已经被用作……

声音武器

1989年美军进入巴拿马，在中美洲企图逮捕涉嫌毒品交易的麦纽尔·诺列加将军。但是这个狡猾的将军（绰号“老菠萝脸”）已经逃离了豪华别墅，去了梵帝冈大使馆。美国人被难住了，他们不能擅自闯入大使馆去抓将军，那是违反国际法的。于是“老菠萝脸”安全了，他真的可以逃脱吗？

有人想出了利用声音这个主意。为什么不用声音把将军轰出来呢？下面就是他们给将军写的便条，上面这样写道（如果他们寄出的话）：

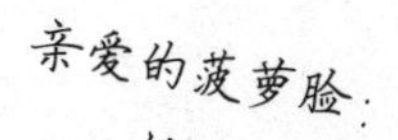

亲爱的菠萝脸：

好吧，你已经享受到了古典音乐，现在是一些真正的摇滚乐了。是的——现在是重头戏了。马上该19世纪60年代传奇人物吉米·亨德里克斯上场了。

希望你喜欢！

爱你的美国军人

附：明白了吗？

再附：举着双手出来吧，将军！

亲爱的坏蛋美国佬们：

噢，我的头都快炸了，我再也无法忍受这个了。

无法睡觉、无法思想、无法进食——我都快疯了，好吧！你们赢了，我投降，求求你们把那个恐怖的噪声关小一点儿。

爱你们的诺列加将军

附：有头疼药吗？

你肯定不知道!

现在将军大概更想得到好一点的隔音材料。诸如：我们曾在第一章提到的装鸡蛋用的硬卡纸板，像毛毯或窗帘类的软材料，能够吸收声波降低能量，从而降低音量。但声波的能量会使这些材料稍稍有些发热，不过当你感到寒冷时不要指望打开音响就够了，光靠这点热量可解决不了问题。

噢，所以你看，噪声并不是一无是处，那种震天动地的巨响也是这样吗？如果你说“是”，那你一定会喜欢下面一章的，那里是真正狂野的世界，你是否有足够的胆量读下去呢？

一些人认为自然界是寂静无声的、平和的、安静的，可动物却是永不安分的。它们的世界充满各种各样令人毛骨悚然的吼叫、嚎叫，而且它们才不关心是不是搅了你的好梦。现在你有幸去聆听来自野外的恐怖之音。

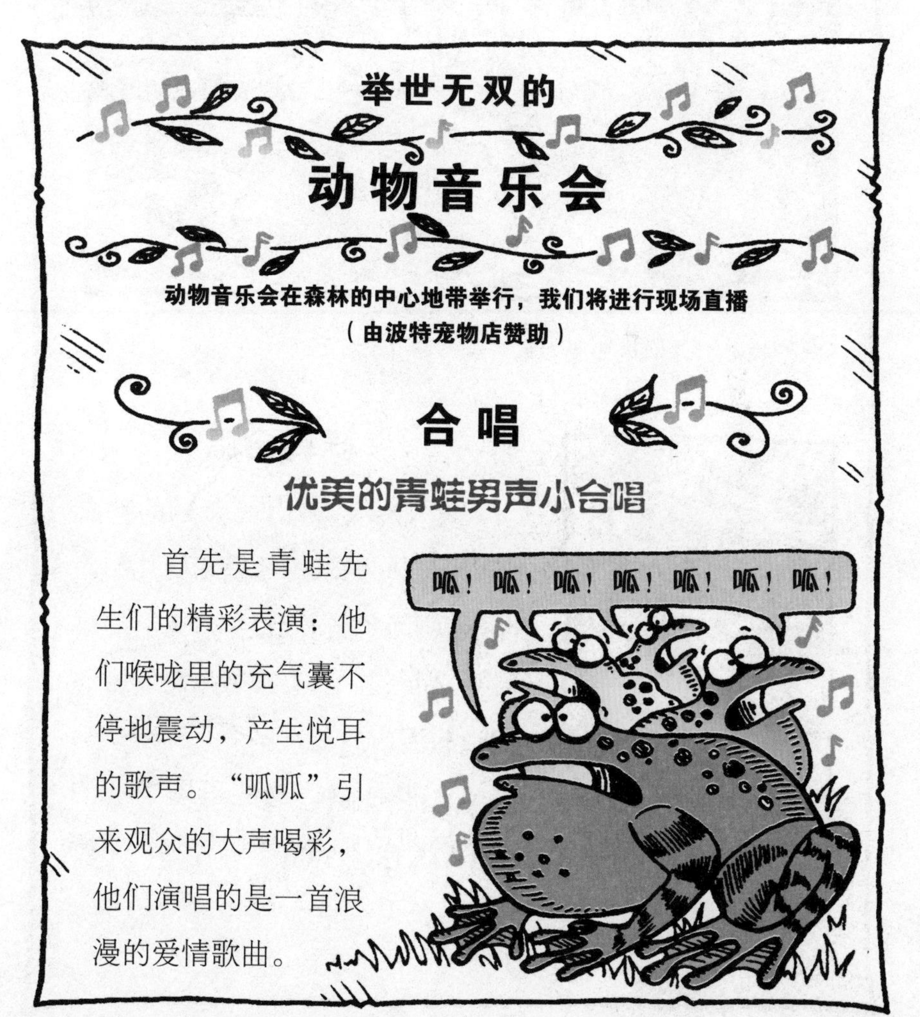

嘶哑的鼠族表演

以吱吱叫的歌声而声名显赫的鼠族将为我们表演下一个节目，他们将用超声演唱——其中一些音符的音高甚至高到我们都无法听见。今天他们演唱传统曲目“迎宾曲”。

★“快滚，你们这些臭老鼠，否则杀了你们。”

群鸟合唱

接下来是将引起轰动的群鸟合唱，它们的歌声的确不同凡响。你可以听到它们带着令人快活的歌声啼鸣而去，其实有些是它们振动翅膀的声音。

（很抱歉，这些不同类别的鸟儿们拒绝同唱一首歌，它们坚持各唱各的调，所以听起来乱成一团，这实在让人头疼。）

猴子高音表演

下面是我们的高音部：猴子们将表演进攻曲《从我们的地盘上滚开吧！》

警告： 这些声音可以在15千米开外听到，场内听众最好用手指堵上耳朵。

小猩猩的表演

粗鲁却魅力十足的小猩猩们将表演它们的新歌《呼哧呼哧呼哧》，歌词大意是“到这儿来，这棵树上结满了美味的果子”。

打击乐

狂野美妙的啄木鸟之歌

打击乐部分由啄木鸟演奏，啄木鸟们用坚硬的长嘴以每秒20下的速度啄树，并从树中啄出美味的虫子。雄鸟们还会表演它们著名的鼓乐“女孩儿来吧，我是真正的铁嘴鸟！”

蝉的表演

疯狂的蝉绅士们将振动下腹的皮肤演奏“知了，知了……”即“我在这儿，到这儿来吧，可爱的蝉小姐们！”

警告：

蝉的鸣叫声音量可达112分贝。现场观众最好躲到椅子下面。

特别启事：

对不起，各位急不可待的观众们，很抱歉，音乐会已经取消。因为一些表演者已成为另一些动物的午餐，大部分乐队成员也都逃跑了。

你肯定不知道！

19世纪的一位音乐家，寇蒂斯先生出现在辛辛那提的一次音乐会上，他演奏了一种类似钢琴的乐器，而乐器的声响则来自于48只猫，音乐家按一个键就有一只猫发出一声嚎叫。因为它的尾巴被使劲地拽了一下。

但寇蒂斯的这次残忍的计划远不够周密。在他演奏一首名曲时演砸了。当时所有的猫同时叫了起来，舞台倒塌了，有人大叫“着火了”。很快灭火器喷遍了各个角落，每一位观众都无一例外地被淋得浑身湿漉漉的，而那些肇事的猫却溜之大吉了。

听不到！

你听过蚱蜢的叫声吗？蚱蜢是通过摩擦长毛的腿发出地声音。公蚱蜢唧唧地叫是为博得母蚱蜢的欢心。不过即使是在蚱蜢鸣叫的时候，你也很难辨认它们的藏身之处。科学家发现它们的频率为4000赫兹，而人类恰巧不善于辨认这类声音的方向。我们只能用一只耳朵听到音调较高的声音，但音调较低的声音就只能用两只耳朵去听，那是因为波长较长的声波可以绕过我们的头被两只耳朵同时捕捉到。但是，当声音处于二者之间时，两只耳朵就无法同时捕捉到这个声音，那么我们是否能用一只半耳朵听声音呢？显然不能。

在这方面动物就好得多，不过它们也是不得已而为之的。它们只有时刻注意立着耳朵保持警觉，才能捕捉到小动物。也只有这样才能听到那些饥肠辘辘扑向它们的野兽的沉重脚步声。那么现在让你猜猜看它们的听力到底有多灵敏。

关于动物耳朵的小测验

1. 非洲象的听力（长着大大的扇子一样的耳朵）要比印度象（耳朵小一些）好。

（对 / 错）

2. 一些飞蛾的耳朵长在翅膀上。

（对 / 错）

3. 蟋蟀的耳朵长在腿上。

（对 / 错）

4. 蛇的耳朵隐藏在鳞下。

（对 / 错）

5. 青蛙的耳朵……嗯，长在身上某个地方。

（对 / 错）

6. 猫头鹰用脸来接收声音信号，就像是它的耳朵。

（对 / 错）

7. 土豚有着令人难以置信的听力，能听到白蚁在地下急速爬动的声响。

（对 / 错）

8. 印度的拟吸血蝙蝠（我逗你玩呢，它们根本不会吸血，徒有虚名罢了）能听到老鼠蹑手蹑脚赶路的声音。

（对 / 错）

1. 错误。较大的耳朵并不能使非洲象听得更多更清楚，但却能让它们感到凉爽。大耳朵使更多的血液在皮肤下流动，这样就能使体内热量散发到空气中。

2. 正确。链状的飞蛾翅膀上确实长着耳朵。所有昆虫的翅膀都是薄薄的翼状皮肤，一有声音就迅速震动，就如你耳中的鼓膜一样。这种外部振动引发神经将信息传送到昆虫的小脑袋里。

3. 正确。蚱蜢的耳朵长在腹部，也就是在身体的后部。蚱蜢和蟋蟀用声音吸引配偶，同时也用耳朵听取它们同类发出的声音。

4. 错误。蛇没有耳朵。它们听不到声音，但是能感觉到任何在地上行走的动物所产生的振动，再通过颚骨接收这些信号。

5. 错误。青蛙没有耳朵。但在头部两侧长有耳鼓。科学家们在青蛙的身旁发出各种不同的声音，结果发现青蛙最擅长捕捉低频声音——像呱呱之类。

6. 正确。猫头鹰的脸就像个卫星接收盘，用来捕捉声音，并将其返回到“卫星盘”两侧的耳孔里。

7. 正确。土豚用爪子将白蚁捉住并用又长又黏的舌头把它舔起。尝一尝！

8. 正确。蝙蝠俯冲下来抓住老鼠，但老鼠也有逃脱的可能——它们能听到蝙蝠高速行进的声响。

鲸类动物

我们给鲸和海豚起了个雅号——鲸类动物，要是你在自然课上使用这个词肯定会引起不小的轰动。

在那些最令人惊异的动物声音中，有些是由鲸和海豚发出的。它们像牛一样“哞”，像小鸟一样“啾”，还吹口哨，嗯！真像口哨声……它们甚至能像生锈的旧门合页那样嘎吱乱叫，所有这些声音都能在千分之一秒内发出。但是蓝鲸和鳍鲸的声音是188分贝，大得足以毁坏你的听力，而且在850千米以外的其他鲸都能听到。

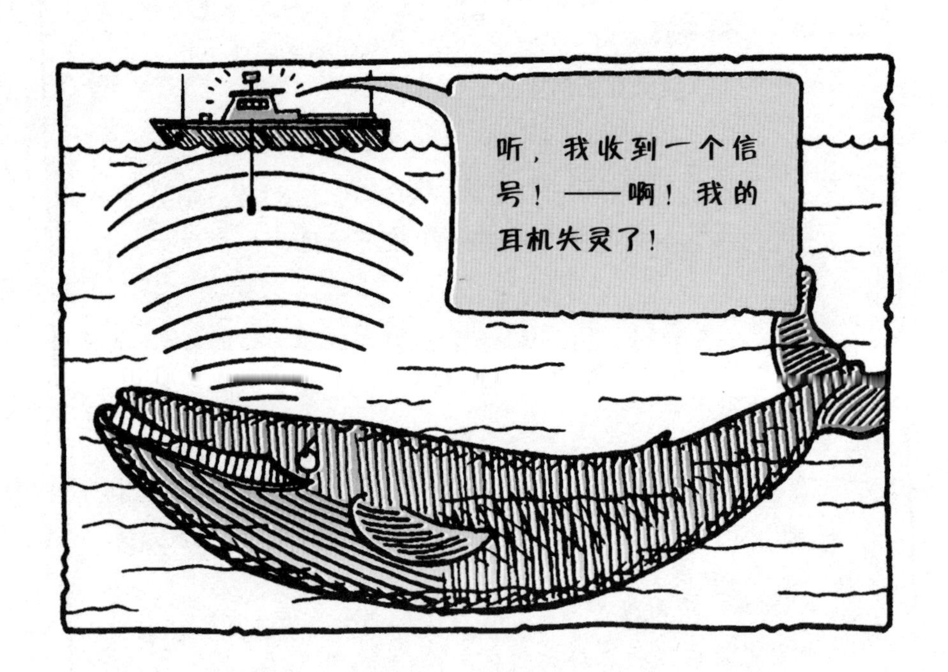

我们弄不懂这些声音的意义，它们成为动物保持联系和互相交谈的一种方式。但是一些科学家提出鲸类动物一出生就能发出声音，因此，很显然它们不用像我们那样学习语言。然而它们必须在鲸的学校里学习其他东西——哈哈！

考考你的老师

轻轻地敲教师休息室的门，然后门吱嘎开了，你面带微笑地问：

答案

在水底很难唱歌，就像喝茶时难以开口说话一样。但是海豚和鲸闭着嘴也能唱歌，它们通过一种独立的系统发出声音，而这个系统和头顶的鼻孔相连（科学家还不能完全确定声音是如何产生的）。鲸和海豚甚至能在就餐时在水下唱歌，它们和你是不一样的，你不行吧，所以最好别试！

海豚和肉食鲸也能发出其他比较奇怪的声音，它们能发出怪异的超声波。20世纪50年代，美国科学家发现海豚能够在夜间昏暗的水池底部找到食物。试验表明它们会发出短而尖的声音，通过回声找到食物。

下面是一些有趣的声音现象。回声是一种超自然的上帝的声音——虚无缥缈的可怕声音，恰巧我们将在下一章向大家介绍回音。

神秘的回声 回声 回声 回声

如果你喜欢自己的嗓音，下面就该你表演了。在离墙30米处站定，然后大声叫喊，仔细听，你能听到从墙那边反弹回来的声音吗？听起来有些怪异，是吗？

怪异的回声

1. 回声是声波从平面上反弹回来形成的，就像光从镜面反射回来一样。

2. 那么在哪儿能听到效果最好的回声呢？为什么不去恐怖的旧城堡中试一试。意大利米兰附近有这样一个城堡，在那儿你能听到的声音回响可达40次之多，因为古老破旧的城墙捕捉到声波，然后来回多次反弹。

3. 伦敦圣保罗教堂的圆形屋顶和华盛顿的国会大厦都因走廊内有可怕的回响而闻名。你可以背靠墙壁咕哝几句话，而在圆形屋顶上的人竟然能听到你的声音。凹凸不平的墙面会将声音反弹到远处的某点上，因此如果你想说一些老师的坏话，最好先确定他们不在楼内。

4. 瑞典的一种大长号回声能远达几千米，令人震惊的回声在山间环绕，因此常被用来传递信息。

5. 山里人常用号角的回声传送重要的信息，因为它的低音调能传播很远，而且任何回声都能从悬崖或岩石上反弹回来，这样能警告后来者前方有危险。

6. 没有什么比轰隆隆的雷声更恐怖。雷的隆隆声是雷声在云层中反射形成的回声。

7. 大部分回声不一定就是噪声，音乐同样需要借助回声以达到某种生动的效果。

设计自己的音乐大厅

啊，祝贺你！你的学校已接受一笔款项，用来建一座新的音乐厅，而且希望你能在图纸设计方面出一把力。你有何设想呢？设计好音乐厅的内部是非常重要的，这样人们就能听清音乐，这就是声学。非常幸运，有杰斯·利兹宁给我们讲解。

1. 首先我们需要一大池水，用手在水里点几下，你会看到水的波纹。

水池壁反弹波纹的原理有助于音乐厅的墙壁设计，同样的道理会使声音产生反射

2. 现在先让我们到后台看看墙的曲线。

3. 你的设计中要避免那些又直又平的墙，因为这样的反射效果不佳，产生的回音就像被困在地下通道里一样。

4. 别用沙发椅、地毯和窗帘，它们会吸收声音，使声音变得死气沉沉。硬椅子效果更好一些，即使会让你坐得屁股疼。

5. 好了，就到这儿吧！开始干吧！再提醒你一句：悠着点！别累着。

好奇怪的表述方式

你会去听吗？

答案

最好不去，当两组声波，其中一组强于另一组时，就会有可怕的噪声干涉。第二组声波在第一组的间隙中插进去，因此你哪个也听不清。在那些设计不好的音乐厅里你就会遇到这种情况。

当然回声的作用不仅局限于音乐方面，有时回声关系着生死，如果你是一只蝙蝠你就能体会到这一点。

你能成为科学家吗？

科学家对蝙蝠很感兴趣，这是否意味着科学家们都患有严重的精神失常呢？例如，在1794年瑞士科学家查理士·朱里纳发现，当把蝙蝠的耳朵堵上时，它们便无法从障碍物中找到路。

但是直到20世纪30年代，美国科学家唐纳德·R.格里芬才录制了一只蝙蝠用超声波发出的吱吱声，并以此证明了黑暗中蝙蝠通过回声定位飞行的原理。

疯狂的科学家做了许多疯狂的实验，其中一个便是用噪声来迷惑蝙蝠，你猜发生了什么？

a）蝙蝠停止了飞行，落在了地上。

b）蝙蝠飞得更慢了，并且自己也发出了更多超声波。

c）蝙蝠用自己坚硬的翅膀攻击科学家。

答案

b）。要想弄晕蝙蝠得多用一些噪声。但是蝙蝠只是被干扰了一点儿，它们的确比平常飞得仔细多了。

你肯定不知道！

不同类型的蝙蝠尖叫的频率和振幅不同，例如，灰色的小蝙蝠尖叫起来像超市用的防盗门（别乱想——用蝙蝠做防盗设备是非常残忍的）。但另一种叫声很小的蝙蝠，它的声音听起来就像窃窃私语——信不信由你，但不管它的叫声如何，任何一只蝙蝠都代表着恐怖和危险——如果你碰巧是只蛾子。

虎皮蛾求生手册

航空队长
艾玛·虎皮蛾 著

这是你们的头号敌人——蝙蝠。仔细看，它是一只丑陋可恶的家伙，对吧？它也许是你最不想见到的。因此，切记——食肉的蝙蝠吞食蛾子，它们张开大嘴，用又小又尖的毒牙咬我们，多可怕呀！怪不得我们蛾子都害怕它们呢！

牢记下列步骤：

1. 仔细听蝙蝠的叫声，这说明周围有蝙蝠，并且正向你飞来！幸运的是，在蝙蝠发现你之前，你可以先听到它，因此应该赶快逃命，我的意思是赶快飞。

2. 如果蝙蝠近在身旁，活化一下你的泡囊，就在你身体的两侧，使劲挤就会发出“砰”的声音，这会迷惑蝙蝠，哈哈——罪有应得。

3. 蝙蝠还不知道发生了什么——你就逃命去了，最好是落到地上，胆小的蝙蝠害怕跟得太紧摔在地上而不敢追你。同时，它们的回声也无法确定你在地上的位置，这是因为它们从地面得到太多回声而分不清哪一个是你。

在蝙蝠与海豚已利用回声的几百万年后，人类才决定用回声来探测事物，或者说至少有个聪明的法国科学家这样做了。

科学家画廊

保罗·朗之万（1872—1946） 国籍：法国

朗之万总是班级中最棒的一个，在任何方面从不甘居人后。挺可怕吧！我不会告诉你他是怎么自学拉丁文的。长大后，他在英国剑桥大学攻读自然科学。

1912年巨轮泰坦尼克号撞上冰山后沉没，船上1000多人葬身海底。这场灾难后，朗之万对用声波来探测隐藏的物体产生了浓厚兴趣，他认为声波可以用来探测冰山的位置。因而，在1915年他将想法变成了一项发明，这就是声呐（声音导航与探测的装置）。

一种被称为水声换能器的机器发出“砰砰”的声音（频率太高，因而人听不到），声波遇到水下物体如轮船残骸、鱼群、鲸、潜水艇等反弹产生回声。

回声被水声换能器接收再转变为电子脉冲信号。

水声换能器测量其强度和返回船上所需要的时间，回声越强，水下物体越坚固；而返回所需时间越长，物体离船距离越远，明白了吗？这样你就可以在显示屏上找出该物体的位置并判断出其运动状态，多妙啊！

但令人悲哀的是，朗之万的发明并没有被用来救人，相反却成了杀人的帮凶。在“二战”期间，声呐被用来探测敌人的潜水艇，然后用被称为深水炸弹的水雷将其炸毁。

到了1940年，德国入侵法国，朗之万发现自己处于极度危险之中，他因反对纳粹德国而和女儿一起被捕入狱。当然对他来说死刑只是时间问题，各国的科学家纷纷表示支持朗之万，德国人决定把他软禁在他自己家里，但他仍处于危险之中，后来，在一些勇敢的朋友帮助下，他逃到了瑞士。

如今声呐仍被用来探测水下物体。1987年它面临着问世以来最大的考验，声呐能够探测到位于苏格兰尼斯湖里的怪兽吗？每当提到尼斯湖怪兽时，大多数科学家都无奈地摇摇头说：“噢，别提了。”

科学家们认为如果真有怪兽，为什么没有科学证据来证明它的存在呢？例如一具怪兽的尸体。但假设它果真存在，这只高智商反应敏锐超乎寻常的生物能够向人们讲述它自己的故事吗？那么它可能说……

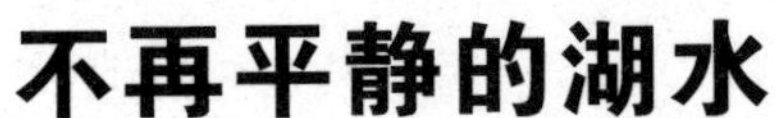

不再平静的湖水

尼斯湖 1987年10月9—10日

做名人可真难啊!

摄影师、旅游者、猎人都蜂拥到了这里，真讨厌!我现在需要的只是宁静的生活。在此之前，我已经在这里住了5000万年，没人打扰过我。迄今为止，我并不是像人们所说的那样到处吃人或其他的什么动物，我并不喜欢吃人肉，那会令我恶心。每天给我条鲜鱼吃，我就心满意足了。但现在我真是头痛透了。

我永远不会忘记那个周末，记者们蜂拥而来，还带着那些讨厌的发出嗡嗡声的机器，我叫它声呐。我对它可说是了如指掌，因为人类用它追踪我已有几年了，他们在5年前就开始用这玩意儿了，当他们捕捉到了一点儿关于我的信号时就激动得了不得。告诉你，我是真的生气了。

我从未想过他们会再来，当时我正在像平时一样安静悠闲地游泳，我的意思是说尽管这里又深又黑，又冷又阴暗，但它却是我的家。我从水中抬起头打算换换气，这时我看见了他们，数百名记者、几十条船、直升机、电视摄像机（这一看着实让我大吃一惊）。幸运的是当时他们在听一个长满络腮胡子的人讲话，否则我就会被发现了。说实话，我认识那个家伙，他叫艾德·夏因，是个科学

家。几年来他一直企图抓住我，（哈哈，艾德，你太不走运了！）他正在叮嘱舵手们让许多船排成一条直线匀速前进穿过湖面。天啊！他们甚至在两岸都插上旗，这样可以保证那些船只排成直线向前航行，还有那嗡嗡响的声呐，每条船上都装有一台，吵死人了！它们嗡嗡了一整天之后，我病倒了，头痛得很厉害。

旗子

平行排列的船队
在用声呐探测

他们有几次已经发现我了，我躲在150米深的水下。我当初想那应该够深了，我本该也想到那该死的声呐波能达到水下数百米深。接下来我听见嗡嗡声离我越来越近了，就在我的头顶上，他们在大呼小叫。

“怪兽——他就在下面！”

“他？”真见鬼——弄清楚再说，我是“她”！

因此我赶紧往回游，那天晚上我浮出水面听见人们在谈论——他们在召开记者招待会，几位美国声呐专家似乎对信号迷惑不解，一个人说信号不像是从鱼身上折射回来的。

“鱼？啧啧，我可不是鱼，可他怎么会知道？”

不管怎样，第二天他们还是用声呐探测到了我，但是接下来人们就再也找不到我了。难道我愿意被再次探测到？那太冒险了。

我的意思是如果他们真的得到什么证据证明我的存在，那些热衷于搜集签名的人、电视野生动物纪录片的摄制者们、游客们会纷至沓来。我绝不会让那种事情发生的，我将躲在舒适的水下洞穴里直到他们走掉为止。人类快走开，你们难道看不出我想安静地一个人生活吗？

尼斯湖——不幸的事实

在尼斯湖，人们借助声呐搜集了近2/3的湖面，这一切都经过周密的计划，而且搜寻得很彻底，但不幸的是它没能证明怪物的存在。科学家们辛苦工作的收获仅是声呐图表上的一些标记，这些图表是用计算机从声呐荧幕上复制出来的。那些标记显示的是移动着的一些固体物质，这些会是一种未知生物的踪迹吗？一种比任何已知鱼类还要大的生物。关于尼斯湖的文件一直是公开的。

因此如果你找到了这种科学界未知的生物，你应该怎样做？你将会……

a）高兴地大喊大叫。

b）向它问好。

c）向妈妈大叫。

你可能想弄出点声音，想知道怎样做？那么最好清清喉咙接着读下一章。

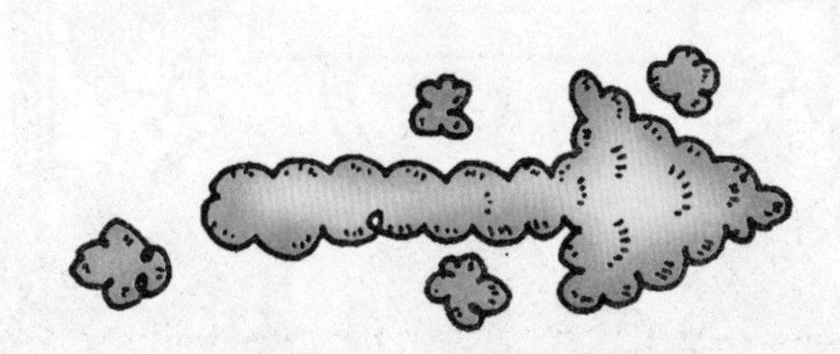

讨厌的体音

什么？

太伟大了，你能发出那么多声音，可真了不起。其中有些很悦耳，可有些不是，有些甚至很粗俗。当你发出某种粗俗的声音后是否注意到你的好朋友也能发出这些粗俗的声音？我们把那些身体发出的奇妙的颤抖声、咯咯声、吱吱声、驴叫声称为“体音”。

讨厌的打嗝声、放屁声和咂舌声

现在告诉你如何发出有趣的体声，但是不要让这些声音发生在……

a）科学课堂上。

b）学校集会或吃饭时间。

c）上流社会的亲戚来吃午餐时。

否则的话，你将无地自容。

放屁

由于体内气体的冲击，使得臀部周围的皮肤快速振动产生屁。你可以用嘴使劲吹动手臂，也能发出类似屁的声音。

鼾声

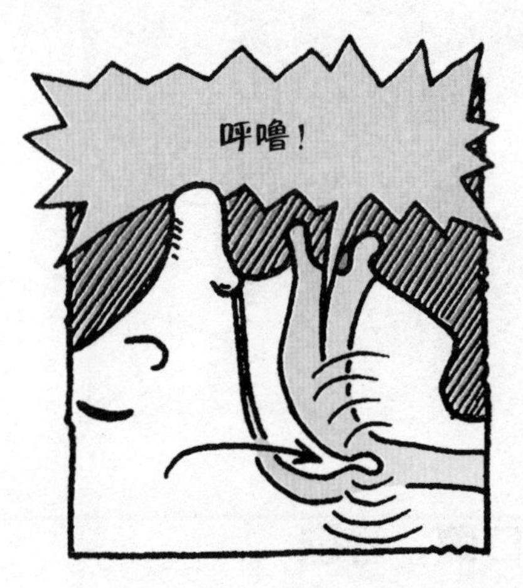

这种声音是由小舌产生的。若一个人仰面躺在床上，张大嘴巴睡觉，由于深深地吸气，小舌就会振动。而用这种姿势呼吸和睡眠的人就会发出惹人讨厌的呼噜声。

你肯定不知道！

你老爸、叔叔、祖父、宠物大肚猪的呼噜声是不是像雷声那么响？哈——这根本不算什么！1993年，瑞典的卡尔·沃克创造了鼾声高达93分贝的纪录，那声音可比嘈杂的迪斯科音乐还响。要想让打呼噜的人停止打鼾，打他的头可不是个好办法。你只需轻轻地帮他闭上嘴巴，再帮他转成侧卧的姿势就可以了，啊，这个世界可清静多了！

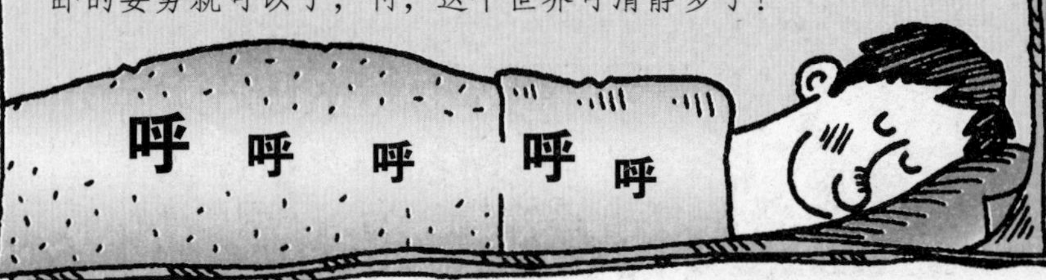

打嗝儿

来自胃部的气体直冲而上，可别错误地认为是来自你的肺。食道（食物由嘴进入胃的通道）的振动使得嗝声非常大。打嗝儿时最好挤压肚皮并张大嘴巴。如果你用5秒钟就解决了早餐，然后又猛灌了一瓶子汽水，准备好，你可要打嗝儿喽！

吹口哨，哼歌

这些声音并不十分粗鲁，但我认为还是视场合而定的好。举例来说，在教室吹《音乐之声》可不太好。

鼻孔内部肌肉的振动是产生哼哼声的部分原因，当你捏住鼻子哼歌时，就会发现这部分是多么重要了。

哨声归功于呼啸的空气，你的嘴唇撮成圆形，当嘴内的气流通过嘴唇时，就会产生哨音。

说起体内振动，可有不少有趣的声音在你的体内进行着……

不健康的声音

1751年的一天，奥地利医生利奥波德·奥恩布拉格（1727—1809）碰巧看见一个酒商在敲酒桶，商人解释说这样做可以知道桶里有多少酒。医生由此想到我能不能也这样给病人看病呢？

经过长时间的思考后，利奥波德写了一本书，他想出了一种检查身体是否健康的新方法，下面你也来试一试。

你想试试如何听诊自己的胸腔吗？

你需要：

- 两个带盖的罐头盒（当作你的胸腔）
- 你的双手

步骤如下：

1. 在一个盒子里装半盒水。

2. 伸出左手中指平放在空盒的盒盖上。

3. 用右手中指敲击左手指的中部，敲击时手腕要朝下，轻轻地一拍。

4. 尽量记住发出的声音。

5. 现在在装水的盒盖上重复做以上步骤。

你发现了什么？

a）两种声音完全一样。

b）空盒子发出一种单调空洞的声音，装水的发出的声音则高一些。

c）空盒子的声音更空洞，装水的稍低沉些。

答案

c）正确。医生也可以用这招来检查你胸腔内部的情况，如果胸部发出像鼓一样空洞的声音，这就说明周围的空间有空气（而那里本应该是些液体）。

好奇怪的表述方式

医生告诉你……

你应该尖叫或要求服用止痛药吗？

答案

完全不必——那只是说他想用听诊器听一下你的胸部，听诊是听听你身体内部声音的一个委婉说法。

神奇的听诊器

几百年来医生们都采用一种简单的方法来诊听病人的呼吸和心跳。

但是一天，一位脸皮儿很薄的法国医生瑞尼·拉埃内克却遇上了难题。

走投无路的他猛然记起曾见过两个男孩玩空心树干。一个孩子敲击树干，另一个在树干的另一头听声音。

于是拉埃内克就猜想用一个管子是否能把声音放大，于是，他用报纸卷成一个纸筒。

成功了，拉埃内克听见这位年轻女士的心跳，声音又大又清晰。他写了一本关于这项新技术的书，并因此变得腰缠万贯，名声大振。

然而不幸的是拉埃内克染病了，这位对帮助医生治疗胸部疾病做出极大贡献的人最终却死于胸部疾病。

你肯定不知道！

借助听诊器你会发现一个人是否患有致命的疾病。比如说，若一个人患有肺部支气管炎，他呼吸时会发出一种呼噜呼噜的声音，一些冷血的医生把这种可怕的声音描绘为“呼噜呼噜声和吱吱声”。

声音档案

名称： 你的声音

基本事实： 声波是由头骨和嘴等器官的形状决定的，所以每个人的声音都不同。

可怕的细节： 切除声带的人仍能发声，但是发出的声音是沙哑的。

你的声音是这样产生的……

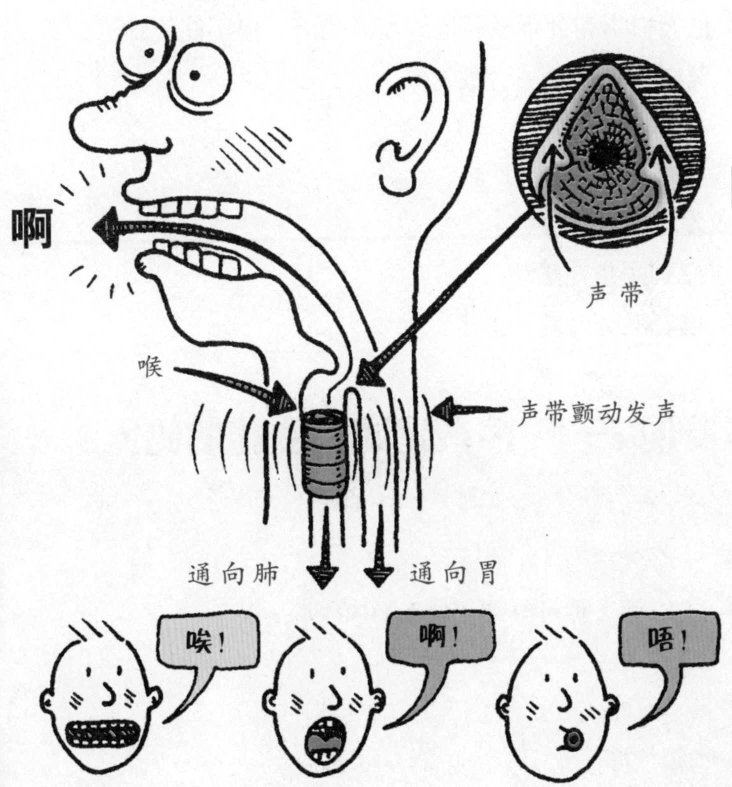

声音随舌、嘴唇和颚的位置的变化而改变。

你喜欢说话吗？对不起，这个问题听起来有点愚蠢，我是说像鸭子喜欢水，大象喜欢面包圈一样。现在你有机会知道怎样做一件有趣的事——说话！

你能发现 1……你是如何说话的吗？

你需要：

- 一种声音（最好是自己的）
- 一双手（最好也是你自己的）

步骤如下：

1. 把大拇指和食指轻轻地放在喉咙上，但不能使劲压。
2. 现在开始发声："嗯……"

你发现了什么？

a）发声时喉咙隆起。

b）感到手指在颤动。

c）摸着喉咙时发不出声。

你能发现 2……声音是如何变化的吗？

你需要：

- 一个气球
- 一双手（你可继续用实验1中的那一双）

步骤如下：

1. 吹起气球。

2. 放出些气体，气球会发出一种尖利刺耳的声音（充气时不会这样）。

3. 现在拉长气球的脖颈再试一次。

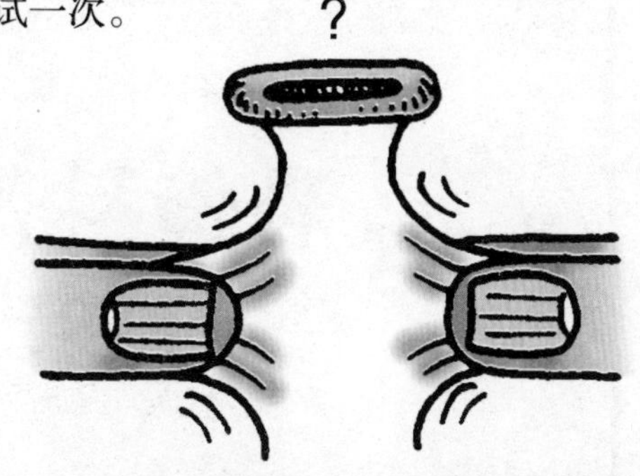

你发现了什么？

a）没有声音发出来。

b）声音变高。

c）声音变大了。

答案

1. b）。声音是源于你喉咙中声带的振动，就是说你的声音是随着声带变化而发出的。如果你选择了c），赶紧住手别再使劲掐自己的脖子了。

2. b）。声带以同样的方式工作，伸得越长，声带振动越快，振动越快也就意味着音高越高。

学习如何讲话

好了，你可能知道该怎么做。

1. 试着说以下几个字母A、E、I、O、U，注意到什么吗？声音都是由你口中空气的各种振动而产生的。

2. 现在说S、B、P，注意到嘴与舌的变化了吗？你能感觉到它们在动吗？不动舌头你还能说出这些字母吗？当然不行。

3. 说N和M，注意到声音是怎样从你的鼻子里发出来的吗？试着捏着鼻子，注意声音有何变化。

继续，通过练习你可以做得和其他人一样好……

恐怖科普文库
声音奖

三等奖：1990年英国奥尔平顿的史蒂夫·伍德莫尔在56.01秒内说了595个词，你能办到吗？

二等奖：1988年北爱尔兰贝尔法斯特的安娜莉丝·雷格的大声喊叫达到121.7分贝，声音比一座机器轰鸣的工厂还大。

一等奖：1983年布里顿·罗伊·洛马斯的口哨声达122.5分贝，这个声音比一架小飞机的引擎还响。

喊点儿什么

你曾经用最大的嗓门大声地喊叫过吗？你肯定做过，而且你很可能把双手拢在嘴边，不过你注意到这么做是怎么使声音变大的吗？话筒是一个一头有洞的圆锥体，但它带来了哪些变化呢？下面就是它的工作原理：

摩兰的大嘴

话筒是孤僻的英国发明家塞缪尔·摩兰（1625—1695）发明的。塞缪尔的一生很不平凡——有些事情是值得一提的。年轻时摩兰为政府工作，当时英国由奥利夫·克伦威尔统治，查理二世在法国流亡。

一天夜晚，摩兰无意中偷听到他的主人和奥利夫·克伦威尔正在谋划杀害国王。摩兰吓坏了，便伏在桌子上假装睡着了。克伦威尔发现了他，便决定趁他把秘密计划泄露之前将他干掉。

但是摩兰的主子劝住了克伦威尔，说那个年轻人已经睡着了，不会听到什么的，这样他才捡了条命。1660年，查尔斯重掌了王权，摩兰便努力让国王相信他一直都对国王忠心不二。

摩兰后来对科学产生了浓厚的兴趣，并且制造了一个威力十足的水泵。水泵在温德瑟城堡的上方喷出的水柱和红酒如彩虹横空掠过，摩兰以此来炫耀他的发明。

他还发明了话筒。一天，他坐在一只小船里，在800米之外向岸上的国王高声叫喊，史书上没有记载他喊了什么——大概是……

几百年来摩兰发明的话筒一直是使声音能够远距离传播的唯一途径，后来有人在此基础上有了重大发现。

科学家画廊

亚历山大·格雷厄姆·贝尔（1847—1922） 国籍：美籍英国人

年轻的贝尔注定为声音事业而奋斗——是子承父业。他的爸爸是一位苏格兰教授，专门教那些听力有困难的人说话，这也不难，因为贝尔的妈妈听力就不佳。

但这个小伙子有自己的主意和志向。为表达对一位世交朋友的敬仰之情，他在11岁时，把自己的名字改为亚历山大·格雷厄姆·贝尔。但不幸的是：如果你想在学校成为一名佼佼者，最好还是不要太有主见，太任性。贝尔恨透了那些严格、枯燥乏味的功课。（这有没有为你敲响了警钟？）

贝尔一无所获便离开了学校，想要隐逸到海边生活。

紧接着他又有了新的想法，选择了将饱受艰辛和不公的生活。他的选择是对的——他成为了一名教师。如果你想一想他当时还只是个16岁的少年（但他看上去显得老些）——甚至比他的一些学生还年轻，你定会惊诧不已的。

1870年，贝尔举家迁往美国，并且找到了一份教聋童说话的工作。不同于其他老师的是，贝尔一直都是温和可亲，心慈人善，而且从未发过脾气——听起来好了不起哟！

但夜间，他便秘密地钻研他的另一志趣，他开始梦想一种新的机器，一种能让人的声音传播到几千米以外的器械，一种将改变世界的机器。

你能成为一位科学家吗？

还是十几岁的时候，贝尔就对科学有着浓厚的兴趣。这儿有两个贝尔最喜爱的实验，试试看聪明的你能否预测到实验结果？

1. 贝尔与其兄弟制造了一个能讲话的机器，是由木头、棉花、橡胶、一个锡管作喉管和一个真的人头盖骨制成。

贝尔的兄弟向模型喉管中吹气，使声音能够传送。

贝尔则移动模型的嘴唇和舌头以发出声音，我们称之为讲话。但这个模型到底会不会说话呢？你的想法如何？

a）模型人一个字都不会说——只不过会发些微弱的嗞嗞声罢了。

b）模型人清晰地喊：“嘿，爸爸。”贝尔的爸爸听到骷髅在说话被吓得晕厥过去。

c）模型人说话了，但声音听起来像唐老鸭一样。

2. 贝尔决定用移动狗的下巴和喉咙的办法帮他的爱犬说话，他的实验结果怎样呢？

a）糟透了，爱犬拒绝开口，只字未说。

b）妙极了！贝尔是有史以来第一个与狗进行理智对话的人。

c）爱犬学会了如何打招呼：“你好，外婆！”

答案

1. c）。它能够叫“妈妈”，邻居们听到了，便好奇地想知道那是谁家的小宝贝。

2. c）。事实上爱犬说出的是“哦，啊呜，咯妈妈”。但贝尔对外宣称试验是成功的。正是这些不懈的试验和努力奠定了他通向最伟大发明家的成功之路。

贝尔一炮走红

事实上，有599人曾声称他们在贝尔之前发明了电话，但其中598人是大骗子。他们不过是在电话研制之际利欲熏心想趁机捞一把。只有出生在美国的伊利沙·格雷确确实实说的是真话。

伊利沙·格雷是个职业发明家，他有自己的公司，公司的部分业务由西方联合电报公司掌管。他一直在研究用电线传送声音的方法，而且已经有了一些成功的试验。

1875年的一天，格雷看到两个男孩正在玩一种玩具。那是两个由一根绳连接的锡盒，将一端贴在耳朵上倾听，可以听到另一端的声音。他灵机一动，猛然想到一个好主意，不仅能将声音，而且能将确切的发音、讲话通过一条线来传送。他的想法和贝尔的设计如出一辙，尽管两位伟大的发明者从未见过面！

格雷在这一年2月11日将他的设计方案在报纸上公之于众，一个月之后贝尔也在报上阐述了他的想法，所以呢，名利都属于格雷。但同时贝尔和他的助手托马斯·沃森正全力以赴地工作以求能够制造出一台真正的电话机。经过两年的艰苦努力他们终于如愿以偿。后来经过反复探索，电话得到不断地改进。

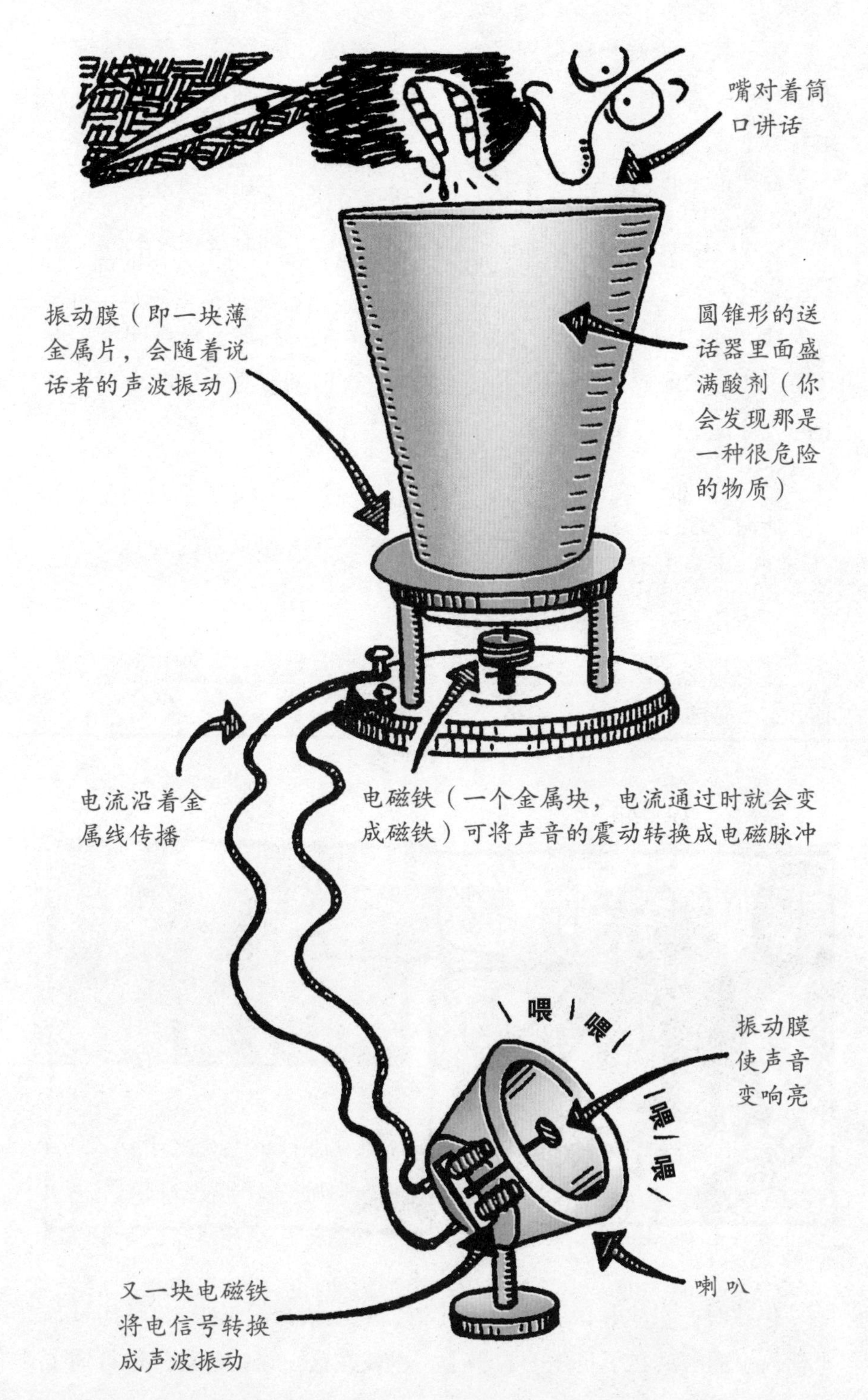
嘴对着筒口讲话
振动膜（即一块薄金属片，会随着说话者的声波振动）
圆锥形的送话器里面盛满酸剂（你会发现那是一种很危险的物质）
电流沿着金属线传播
电磁铁（一个金属块，电流通过时就会变成磁铁）可将声音的震动转换成电磁脉冲
喂
喂
振动膜使声音变响亮
喂
喂
又一块电磁铁将电信号转换成声波振动
喇叭

为了赢得荣誉和获得因新技术而带来的巨额利润，竞争是存在的。但是，请记住：他们互不相识，因此他们也不知道他们之间正展开一场竞争。

下一步便是到专利局申请发明专利。这样，发明者便享有一项特权——利用他们的发明赚钱。但是谁将会第一个拥有这项专利呢？格雷还是贝尔？

1876年2月14日——一个寒冷的情人节，伊利沙·格雷冲进了专利局。他热切地握着发明电话的计划书。那时刚好是下午两点整，墙上的大钟发出响亮的报时声，办事员正坐在高背椅上写着什么。格雷咳嗽两声以引起他的注意，办事员扫了一下专利申请然后把它放下。

他慢慢地摇了摇头，说：

“对不起先生，我无法接受这份专利申请。”

“为什么？”格雷迫不及待地问。

“恐怕你来晚了一步，”办事员满怀歉意地说，“就在两个小时前贝尔已呈递了他的专利申请。”

“该死！”遭受了巨大打击的发明者大喊着。

但这时，贝尔和沃森还没能让他们的电话开始工作。3月10日，电话筒里的酸溅在了贝尔的衣服上，也就在这一天，他意外地打通了

世界上第一个电话。

“沃森，快，快来帮帮我！”他喊道，可能还小声地加上这句话，“这些酸把我的裤子烧坏了。”

托马斯·沃森通过那部奇怪的机器听到老板模糊不清的声音，他急忙跑去帮助他。

就是这个电话改变了历史，这也是现代历史上极具意义的时刻。但是当时贝尔给沃森打电话时并没考虑应该如何说这将改变世界的第一句话，也没想用酸烧坏自己的裤子。（一些无聊的历史学家指出，沃森直到50年后才讲出真相，因此真实性值得怀疑。也许是吧，可能沃森一直保持沉默是为了避免使他的好友贝尔遭人耻笑。）

所以沃森首先接到的是贝尔的电话而非格雷。1877年，格雷和西部联合电报公司控告贝尔。

格雷的赞助人声称，格雷才是电话的发明者。谁能获胜，是贝尔还是格雷，法官应该相信谁呢？

你怎样想？

a）法官相信了格雷，贝尔的专利权是假的，他必须把所有的利润还给格雷的公司，贝尔将一无所有。

b）格雷和贝尔同意平分利润，这是一场公平交易，当然也是令人遗憾的交易。

c）格雷彻底败诉，他没有得到一丁点儿好处。

答案

c）。贝尔赢了。因为他最先获得专利权，法官给贝尔和他的朋友以认可，可怜的格雷一个人留在那里搓着双手无能为力。格雷没有看到这项发明的潜力，他只把电话当成了玩具。而与此同时，贝尔和沃森却夜以继日地工作以实现他们的梦想，但格雷还是坚信他的胜利果实被抢走了。

巨大的成功

电话立刻风靡全球，到1887年为止，仅在美国就有150 000部电话，对发明者来说，这是一个绝好的赚钱机会；但对贝尔来说，却像一场噩梦一样，他曾经说：

问题在于贝尔更乐于做一名科学家，所以他在33岁的黄金时期就退休了，以便在后半生全心致力于科学研究。他还有许多发明创造，包括：

- 寻找体内子弹的探测器。
- 以雾制水的构想。
- 高速水翼船。

贝尔喜欢机器和小装置，但是有一种小装置却使他烦躁不安：他从不让电话靠近实验室，他说工作时那会分散注意力。

你肯定不知道！

电话刚发明时人们曾尝试用电话播放音乐。1889年，巴黎一家公司用电话线通过旅店的扩音器播放音乐，听众必须不停地往机器里放钱才能听完一首音乐。听起来糟透了。

但是这些都不如你在下一章中听的音乐那样可怕，你能忍受那种疯狂的音乐会、疯狂的音乐家和可怕而又激烈的不和谐音调吗？如果你不能，塞一大团棉花球在耳朵里，然后再继续看吧！

混乱的音乐大合奏

这是官方的统计：99.9%的人认为音乐具有非凡的力量。的确，悦耳的音乐能使我们欢快跳跃，使世界上的人们因它的美妙而又唱又跳又喜又悲。而糟糕的音乐呢？只会给耳朵带来沉重负担。

你能成为一名科学家吗？

加利福尼亚大学的一名科学家用电脑显示大脑神经产生兴奋的图形模式，同事们建议他用电脑以声音的形式把图形显示出来。令人惊奇的是这些声音听起来像古典音乐，所以科学家推测也许听古典音乐可促进脑神经更有效地工作。

科学家通过给三组学生出难题的方法，来验证他们的想法。

第一组开始保持十分钟安静。

第二组听一段事先设计好的录音带让他们进一步放松。

第三组听十分钟莫扎特的古典音乐。

哪组表现得最出色呢？

a）第一组。任何声音都会打扰大脑工作。

b）第二组。适当的音响能刺激大脑达到最佳状态。

c）第三组。理论正确！

答案

c）。这些学生的成绩比其他人多出8—9分，这对你的考试有帮助吗？1997年，伦敦科学家发现9—11岁的孩子在舒缓的音乐环境里学习得更轻松。老师们为什么不用这种方法来活跃科学课的课堂呢？

研究表明，由于声波与神经信号具有相似性，所以听音乐可以促进大脑的活动。

令人作呕的嘈杂声

尽管音乐能促进大脑的工作，但每位音乐家都不得不忍受那些不欣赏自己音乐的人。这表明，好的音乐就像美味的食物一样，只是一种欣赏口味的问题。

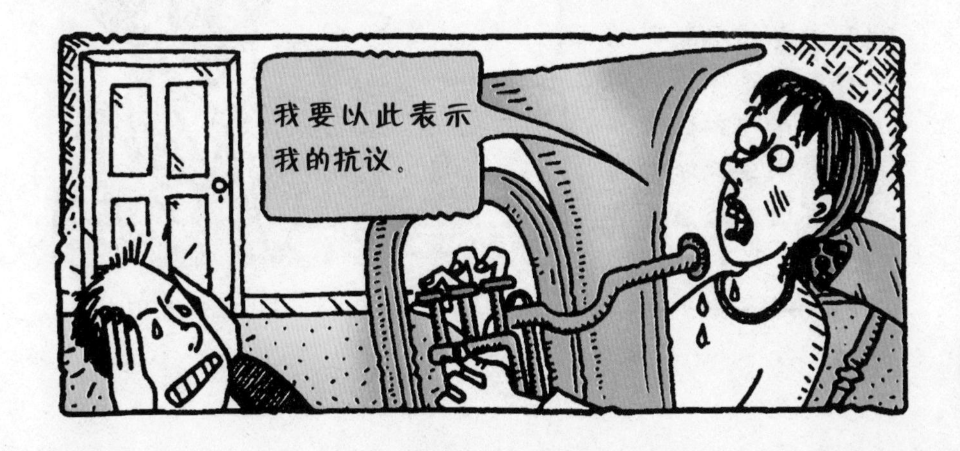

示例：德国作曲家瓦格纳（1813—1883）为大型管弦乐配的曲子总是雄壮有力，声音震耳欲聋。虽然很多人喜欢他，但也有些人认为他的音乐比牙疼更令人难以忍受。罗西尼（1792—1868）曾评论说：“瓦格纳给我们的是美妙的瞬间和糟糕的整体。”还有其他一些评价如：

查尔斯·鲍德莱尔（1821—1867）

马克·吐温认为瓦格纳的音乐听起来非常糟糕：

马克·吐温（1835—1910）

我认定你的老师在听学校的管弦乐及合唱练习时会有同样的感觉。这样谈论伟大的音乐家们，你还想做一个摇滚歌星吗？好，现在再重新回到杰斯和旺达的声音工作室，开始第二步的唱歌训练（说真话，一些歌星不愿意这么做，但它确实很有帮助）。

你能成为一名歌星吗？第二步：唱

温黛给我们解说了唱歌的原理。

想成为专业歌手确实很难，但以下几个步骤会有所帮助：

1. 先选首歌来练，如果你知道几句歌词和曲调将大有帮助。

紧急健康警告

狂呼乱号会严重扰乱你的家庭生活，尤其是对宠物及毫无防御能力的生物，比如老师。所以在开始前，请：

- 保证180米内没有活人。
- 给宠物戴上耳机。
- 当父母看他们喜爱的电视节目或上厕所时不要唱。

2. 肩和头向后仰，深吸一口气，很容易吗？

3. 这一步会有些难，开始唱了，伴以深呼吸，尽量将嘴巴张得比平时讲话时大。

4. 如果笑着唱歌就很容易发出又高又清晰的声音，不信就试试看。

5. 行了，就唱到这儿吧。下面会更有难度，不要跑调（许多人都做不到），试着模仿录音机或钢琴发出的音符，唱准了吗？钢琴键是按音的高低顺序排列的，见下图：

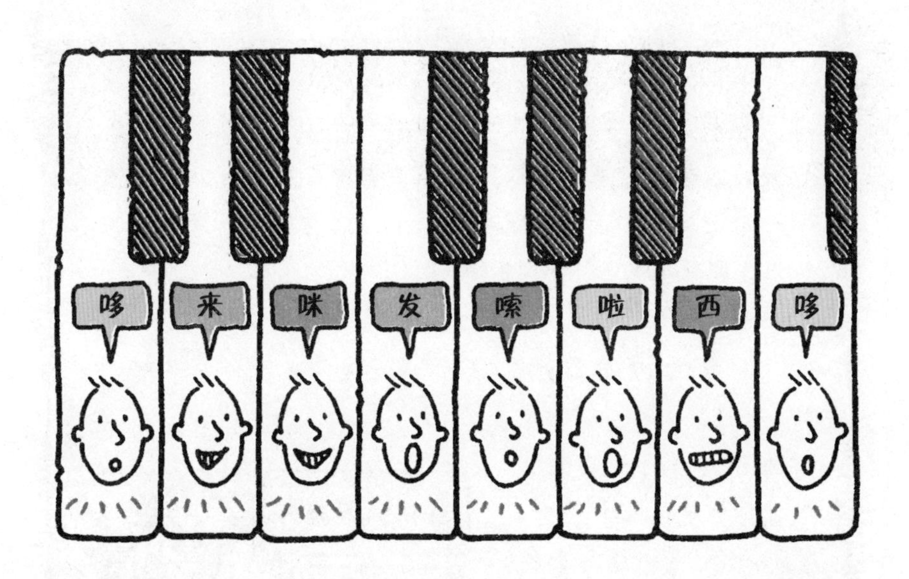

你肯定不知道！

多奇妙——合唱团高歌的时候，你也能听到独唱者的声音！不同的乐器一起发出的声音一定会降低歌手的声音吗？当然不是，训练有素的歌手能发出2500赫兹的声音，是合唱团的5倍，所以你能清楚地听到他的声音。

最令人惊异的音乐秘密是钟琴，哦，我们又谈到了共鸣……这次一定会令你“震动”。

声音档案

名 称：共鸣

基本事实：万物均有自然频率，那是最容易产生振动的速率，当声波以此频率“击中”物体时，物体便开始振动，声音也就跟着变大了，这也是大多数乐器的工作原理（见第118页）。

可怕的细节：

1. 如果你以一定的音调高唱，共鸣会使你的眼球振动。

2. 当训练有素的歌手用玻璃的自然频率歌唱时，玻璃会振动，有些歌手甚至会用高音震碎玻璃。

你想试试如何使声音产生共鸣吗？

你需要：

▶ 如右图这种形状的海螺

步骤如下：

把它贴近耳朵听。

究竟是什么产生了这种阴森森的音响效果？

a）是大海鬼魅一般的回响。

b）是声音在海螺里产生了共鸣。

c）这是海螺内贮存的化学物质遇到了你的体热发出的声音。

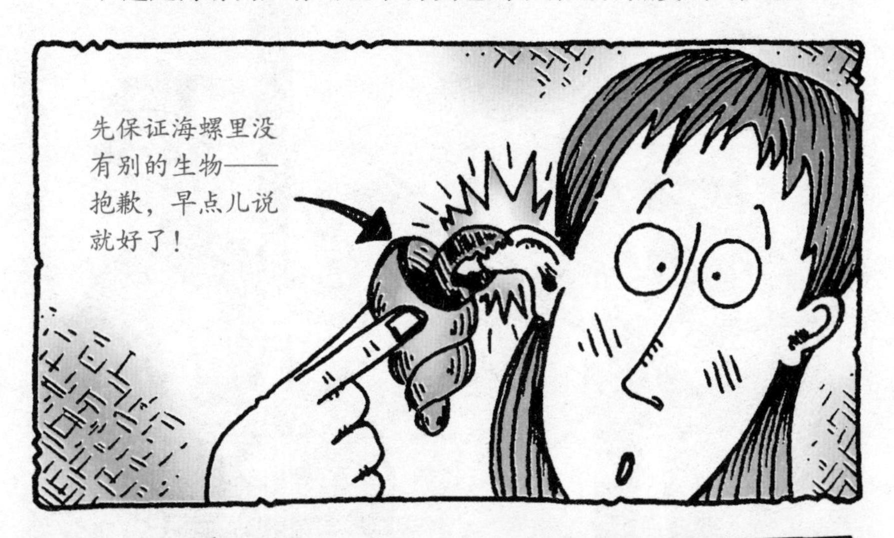

答案

b）。你听到的声音实际上是你发热的身体形成的暖湿气流，你平时听不到这种声音，但海螺的共鸣使声音变大（如果你用手扣住耳朵也会听到类似的声音），这么做会帮你不受噪声的干扰。这正是歌星们演唱时用双手按住耳机的原因，这会帮他们把注意力集中在耳机传出的音乐上，当然这与他们的恶劣唱功无关。

你能成为一名歌星吗？第三步：乐器

做一名真正的歌星除了演唱应该再学点别的，为什么不学一些乐器呢？这会大大打动你的崇拜者。在录音室杰斯和旺达正用乐器比较音调。

琴弦及弦乐器

所谓弦乐器就是指把一些线拉紧绑在一个空匣子上。

弹奏弦乐器时你必须得拉扯乐器上的弦。
哦……
弦
由于弦的振动使得空匣子内的空气形成共鸣，从而发出美妙的声音。
扩音器
真是奇妙——你越使劲弹弦，声音就越大。
这就叫声音大？
这才叫大！
旺达的原声吉他听起来很响，然而就算胡乱拨弄几下琴弦，杰斯的吉他就会发出一些电子信号给扩音器……这才响呢。

好奇怪的表述方式

一位科学家说……

什么？你要买弦乐器？这不是小提琴吗？

答案

所谓弦乐器是像小提琴一样的有弦乐器的一个雅号。在希腊语中，它是指一种“弦音”，木制管乐器又叫管乐，黄铜乐器和鼓又叫振动乐器 。打击乐器又叫傻瓜乐器，当然这并不意味着它们是由傻瓜来演奏的乐器——尽管这些乐器看起来似乎非常容易演奏。

音乐小插曲

你也许看到过有人像搔痒似的拨弄钢琴的琴键，也许你自己也这么干过，但是你是否知道钢琴也是一种弦乐器呢？下面我们来看一下它是如何工作的……

1. 按下钢琴的琴键，你同时也就使一系列小杠杆运作起来。

2. 杠杆举起一把小木锤，轻轻打在绷紧的一根弦上，从而发出相对应的音符。

但事情往往有出错的时候。例如，潮湿的空气能把琴键之间的毛毡弄湿从而膨胀，琴键粘连在一起，当钢琴演奏者敲下其中一个键时发出的却是两个音符的混合音。接下来的情况可想而知：非常的糟。这样的事在泰国曼谷的依拉瓦饭店还真发生过。

你也许会非常高兴地获悉克罗普先生并没有砸碎那架钢琴，酒店经理加上两个保安，还有一个过路的警察阻止了他莽撞的举动。假如你正在上钢琴课，我真希望这事没给你带来任何灵感。

优美的木管乐

要创作真正柔美的音乐恐怕需要的不仅仅是弦乐器，何不在你的乐队中加上一些木管乐器？像让人心动的萨克斯，酷极的单簧管，或者是情感深沉的长笛……

顺便说一句，木管乐器曾经是用木头制成的——这也是名字的由来，现在往往是用金属或其他材料制成。

旺达主动要求给我们表演一下如何吹奏这些管乐器，你是否曾经玩过吹牛奶瓶？吹笛子就有点像吹牛奶瓶，你必须稍稍抬起你的上唇让气流越过孔的顶端。

从理论上讲，笛管里的空气振动发出声音。同样，在萨克斯和单簧管中，簧片的振动也能得到相应的效果。

记住：越大的管乐器发出的声音越低沉。

奇妙的铜管乐

嘹亮的小号声可以让你热血沸腾，铜管乐器包括……

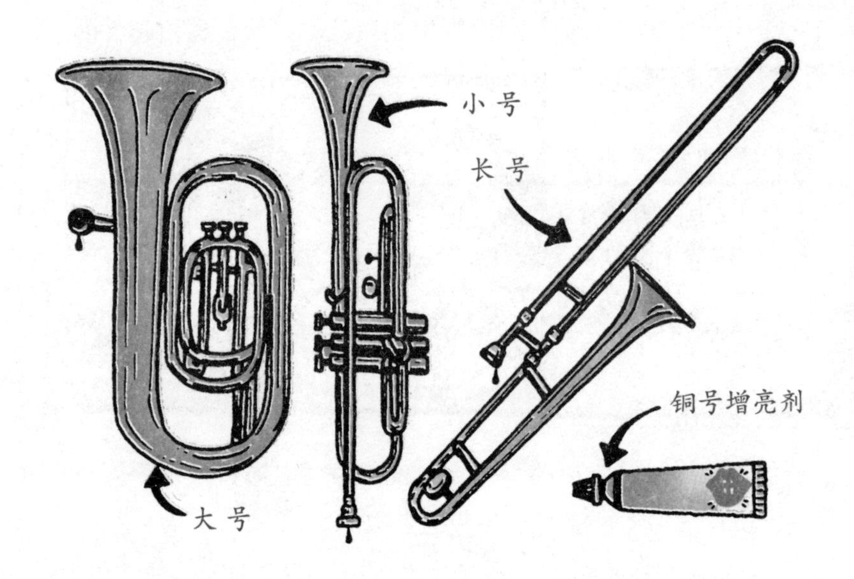

铜管乐器像木管乐器一样也是通过乐器内的空气振动发出声音，但是得用一种特殊的方法活动嘴唇才会产生这种振动。下面是旺达的试验——吹号。

在吹奏过程中，嘴唇与号贴得越紧声音越高，拉长拉管可以产生低音。拉出长号的拉管，按下小号或大号的按键都可以产生低音。

考考你的老师

你敢吗？现在正好有机会提一个非常科学的问题难住你的老师。用力敲开办公室门，然后甜甜一笑：

答案

真希望你的老师没有怒气冲天。该问题的答案正是管乐器的原理，振动空气产生了声音。水温升高后，壶中的气泡升到水面互相撞击引起空气振动，这样就产生了你听到的声音，水沸腾后气泡不再撞击，声音也就随之停止。

独特的打击乐器

打击乐器包括所有击打出声的乐器，比如：

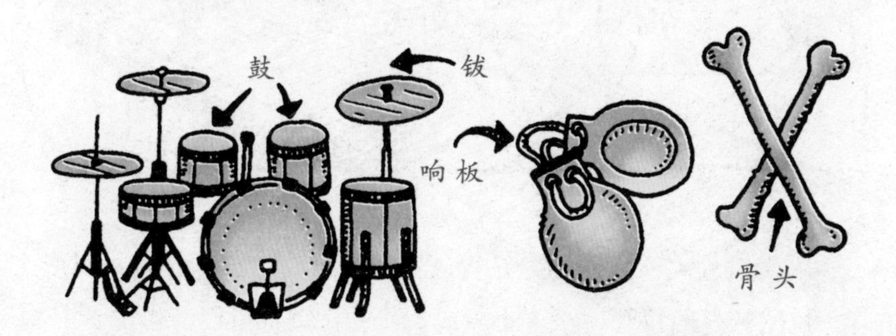

我们来认真地敲敲鼓怎么样？很容易在鼓上敲出声音且节奏感很强——只需用鼓槌击鼓即可（不是鸡大腿）。

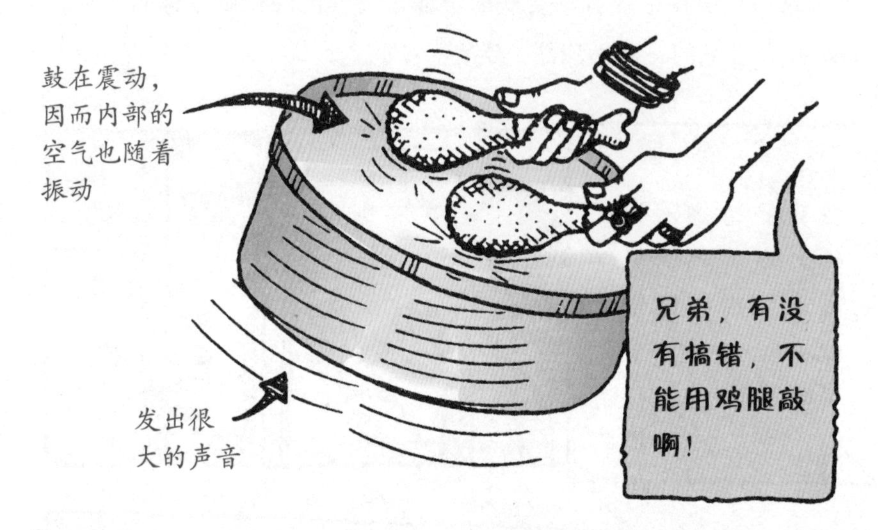

你肯定不知道！

不知道该用哪种乐器了吧？有没有一种奇特的乐器能发出世界上所有乐器发出的声音呢？当然有了，它叫合成器。

合成器看起来是这样的：

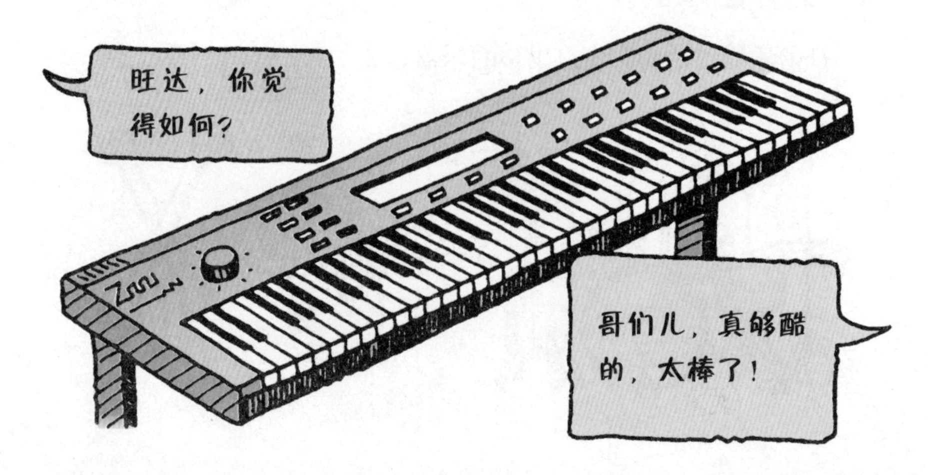

使用方法如下：

1. 它很奇特，只需设置好你想演奏的乐器类型。

2. 合成器制造出电子信号，其强弱与你想模仿的乐器的声波一样。

3. 信号通过扩音器变成声音，这种声音与你选择的乐器出奇地相似。

4. 合成器也有琴键，所以你可以像弹钢琴一样演奏，但声音听起来迥然不同。

超级选择及混合

演奏音乐很有趣，但是现在给你出一个难题，你得录下各种乐器的声音，再把它们混合在一起，杰斯可以借助奇妙的“大脑搅拌器”做到这点，而你则可以用合成器做到。

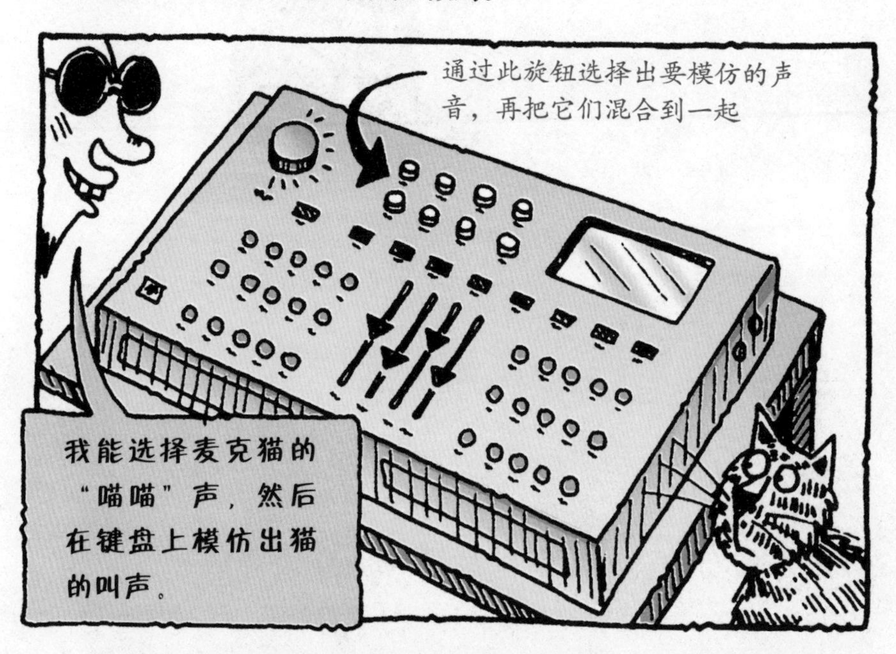

杰斯可以用合成器录下或复制你的声音。

该机器的选择器能选出任何声音——比如讨厌的猫叫——然后以不同的速度回放，选择器能使声音的回响效果更好，甚至能使声音从后向前倒放。有了它，你的歌声会更动听。

现在感觉如何？你想大吼一声吗？或需要一杯好茶和两片头痛药？杰斯和旺达一会儿会带来更先进的声音机器，但是现在，把你的耳塞放在耳朵里不要动，下一章声音会更大，叫起来更可怕！

叮！ 嗒嗒！ 扑通！ 嗡嗡！ 哗啦！

可怕的音响效果

这一刻是你等待已久的——轮到你吹喇叭了……或演奏其他什么乐器，当然，用不着花太多的钱就可以演奏音乐。也就是说，你可以用日常生活中的一些器具制造出很有趣味，但有时却是很吓人的音响效果来。

古怪的管弦乐小测验

音乐家们确实用过很奇怪，甚至是很可怕的东西制作乐器，那么哪些乐器曾经在公共场合演奏过呢？是非判断题：

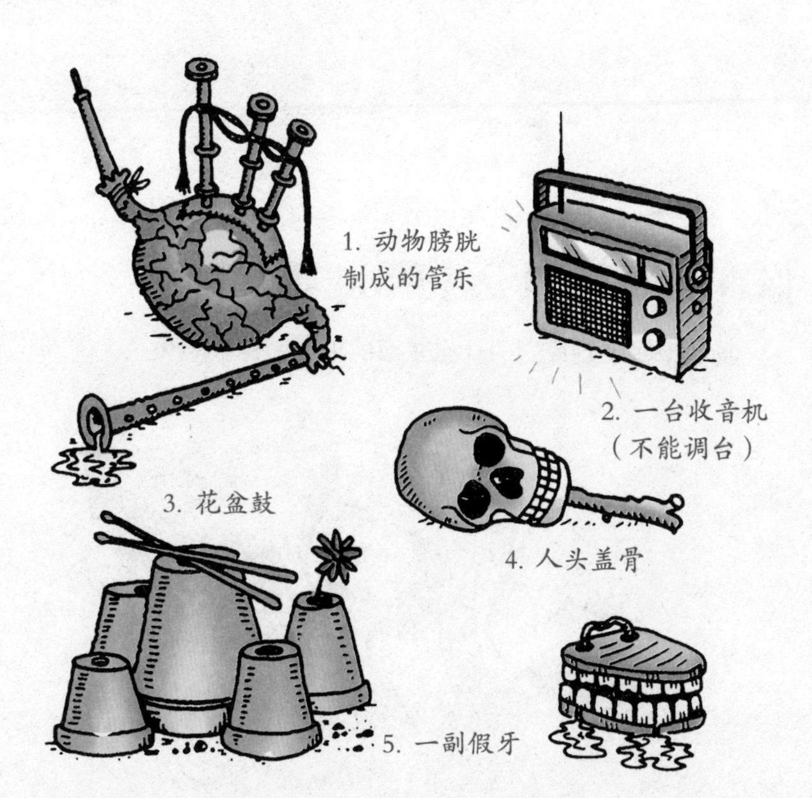

1—4正确。

1. 中世纪有一种由簧片、一根管子和一个气囊组成的乐器，声音大约就像风笛，非常难听，谁想试一下吗？

2. 1952年，疯癫的美国作曲家约翰·凯奇（1912年出生）写了一支曲子，它是通过一台收音机来完成“演奏”的，一个演奏者摆弄着音量调节钮，而另一位摆弄调谐按钮。

3. 1942年芝加哥举行的一场音乐会上，约翰·凯奇的妻子用花盆演奏了一首乐曲。观众们把它当作奇迹（当他们听习惯了以后）。

4. 这些恐怖的乐器在世界许多角落里都可以找到，头盖骨里塞满了小鹅卵石和脱落的牙齿碎片（这肯定会让你的音乐老师瞠目结舌）。

5. 错误——据我们所知。

现在轮到你了……

你想试试日常生活中的乐器吗？

我们用盛牛奶或别的什么东西的玻璃瓶做实验……

制作瓶子“乐器”

你需要：

- 三个一模一样的瓶子
- 一些水
- 一把勺子

步骤如下：

1. 在一个瓶子中装入2.5厘米深的水。

2. 对着瓶子的口边吹口短气，你听到的声音是里面的空气在上下振动所产生的。

3. 把另一个瓶子灌半瓶水。

4. 重复步骤2。

你注意到了什么？

a）这个声音比邻近的那个空瓶子的高。

b）这个声音比邻近的那个空瓶子的低。

c）这个声音比邻近的那个空瓶子的高得多。

现在试试这个……

步骤如下：

1. 第三个瓶子盛入3/4的水。

2. 把几个瓶子排成一行。

3. 用勺子轻轻敲击它们。

你注意到了什么？

a）第三个瓶子的声音要比挨着的那个瓶子的响。

b）第三个瓶子的声音要比挨着的那个瓶子的低。

c）你轻击瓶子的时候水洒得到处都是。

答案

1. a）正确。还记得较大的乐器是怎样发出较低声音的吗？如果振动的面积大，振动就较慢，声音就低。在空瓶中有更多的空气，因而气流处于一种较低的频率，所以听起来声音较低。

2. a）正确。敲打瓶子使水发生振动，在近处的那个瓶子中水较少故振动得较慢，声音也就低点。如果你得到的是第3种答案，马上停止用力击打瓶子。

制作疯狂的风笛

小笛子可以发出有点古怪但非常有趣的声音，现在你可以按下面的方法自己做一个。

你需要：

- 一张防油纸
- 一把梳子

步骤如下：

1. 如图示那样，将油纸包上梳子。

2. 如图示那样，把你的唇紧贴在梳齿的边上。

3. 下一步有点复杂微妙，闭上上下唇，然后努力哼出一个调来，应该有空气从嘴里吹出来并使纸振动。

4. 发出的古怪声音是由振动的纸产生的。

警　告：你的小笛子肯定会在3秒内使一个成年人发疯。如果在他们看电视时、就寝后、在汽车里或任何公共场合吹出这种声音，他们肯定不会轻饶了你。

你肯定不知道！

在宇宙的漫长历史中最大的笛子是1975年在纽约制造的，有2.1米高——比门高，1.3米宽——有小汽车那么宽，当然做这么大的笛子并不是好主意。

制作尺拍

你需要：

- 一把30厘米长的尺子（木制的或塑料的）
- 一张桌子

步骤如下：

1. 将尺的一半放在桌子上，另一半悬空，用手把它固定在桌子上。
2. 轻轻弹悬空的一端（用另一只手）。

3. 你可以继续尝试着改变尺子悬空部分的长短，以便得到不同的声音，你会发现当尺子的大部分都悬空的时候，听到的声音最低沉。不错，你猜对了，这也是由于振动面积较大、振动的频率较慢而导致的较低沉的声音。

紧急健康警告

不要一时性起在课堂上用你的尺子演奏，否则老师就会效仿你，不过这回振动的不是尺子，而是你的屁股了。

制作音乐匙

汤匙可以弄出相当精彩的声音来。最简单的方法就是用一个匙去敲另一个匙，这种方法最好私下里用，可不要用在学校的餐厅里。请注意我是说两个匙敲在一起而不是把匙敲在……

a）附近不得有任何贵重物品，否则这会让你遗恨终生。

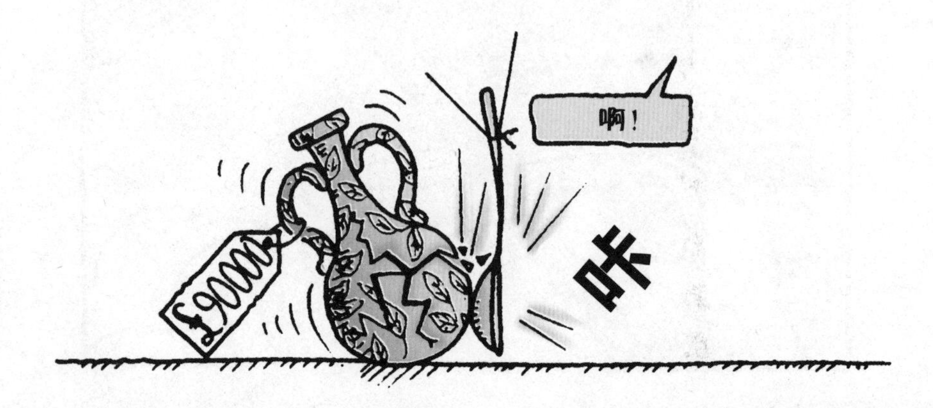

b）小心老师的脑袋，否则后果也将不堪设想。

制作超级汤匙立体声装置

如果你想体验一下惊人的立体声装置中的汤匙音响，那就试一试这种高科技的方法，来吧，令人惊异的奇迹。

你需要：

- 线
- 一把金属汤匙

步骤如下：

1. 如图所示的那样用线把汤匙固定好。

2. 把线的末端放在耳孔里，让汤匙猛地撞击桌面，可别敲击在贵重物品或是老师的脑袋上。

令人难以置信的声音——是不是？像线这种固体很擅于传递声波，还记得吗？那就是你可以很清晰地听到振动的汤匙发出不同声音的原因。

3. 试一试用一根线系在汤匙上使其悬空，然后用另一个金属匙轻轻击打它，你甚至可以打出节奏来。

4. 试用不同大小的汤匙和不同金属物品制作这个装置，如金属过滤器、锅铲等。

可怕的声音效果

虽然声音不仅仅指噪声，但我们也不妨制造些更可怕也更有趣的声音效果。你可以试着把声音录在磁带上听一下效果，然后看看你的朋友能否猜出那是什么声音。

你想试试可怕的刺耳声吗?

用泡沫擦窗户。你所听到的刺耳声实际上是泡沫上的小块快速擦过玻璃表面的凸起时所产生的声音，切记——千万不要在不恰当的时候弄出这种声音，否则，你的家人会怨声载道。

讨厌的大苍蝇

你需要:

- 一个小塑料袋
- 一个杯子
- 一只苍蝇

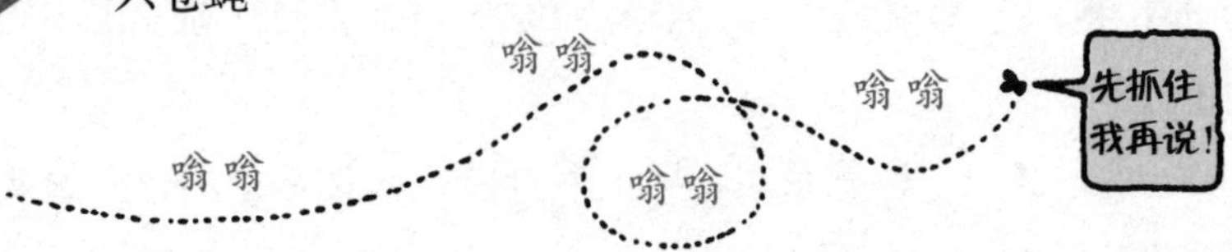

步骤如下:

1. 用塑料杯罩住一只苍蝇，记住，一定要轻点，苍蝇也怕疼。

2. 快速用塑料袋罩住杯口，然后轻轻地把苍蝇转移进去。

3. 把塑料袋放在耳边，苍蝇在袋里的脚步声和嗡嗡声听起来令人恶心。

4. 听完声音后把苍蝇放出来，毕竟它不是一般的小苍蝇——而是一只带毛的能制造声音效果的超级巨星。

无形的吱吱声

所需材料：

- 半根用过的火柴杆
- 40厘米长的细绳
- 一个奶酪盒和盖子
- 一把剪刀

步骤如下：

1. 在盒子的侧面切一个1厘米大小的孔。

2. 在盒底钻一个小孔，大小刚好能让绳子穿过。

3. 绳子的一端系在火柴棍上，把火柴棍横放在盒子里，然后把线从底部的孔拉出。

4. 用盖子把盒子盖上。

5. 拉着线使盒子在你的头顶上转圈，你就会听到可怕的吱吱声。

紧急健康警告

别弄出很响的噪声来，不要在人群或是贵重摆设附近大声喊叫，否则你将会受到父母的斥责。

令人吃惊的声音效应

我们每个人都有神奇的大脑，它不仅能听到声音，而且能立刻判断出是什么声音。第一次听到某种声音，我们就能记住，所以你能分辨出要发脾气而又努力克制自己的老师所发出的奇怪声音。

如果你收听广播里播放的戏剧，你会听到剧中的各种声响效果，你能从声音效果联想出它们是怎么发出的吗？如果你是个认真的人，不妨试着把它们录下来，反复按顺序听。

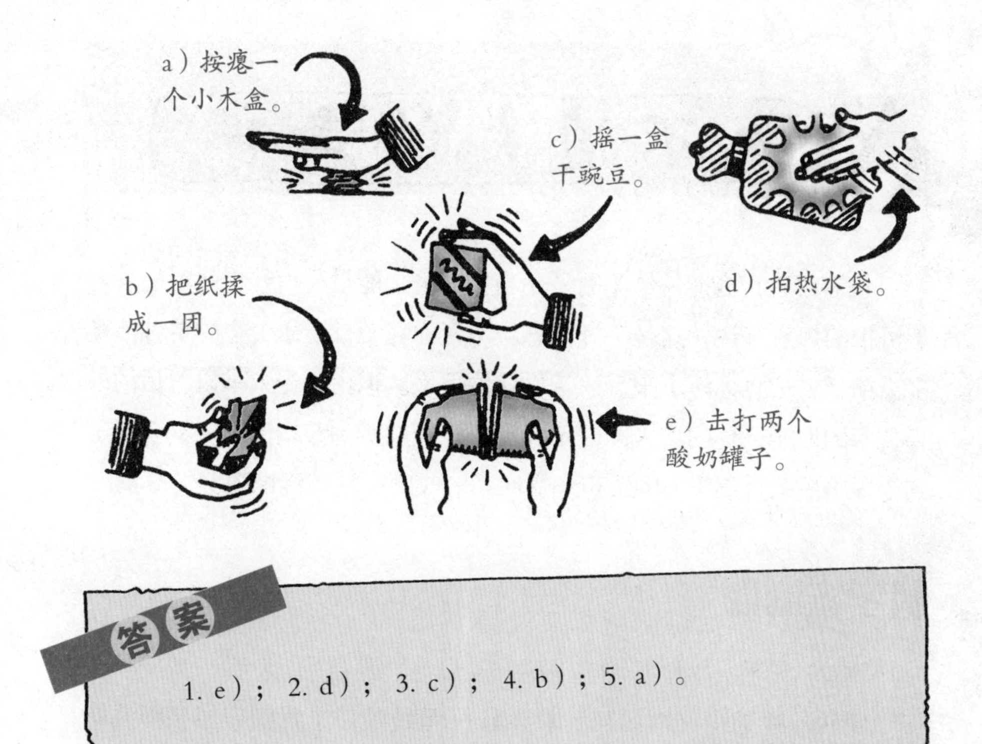

答案

1. e)； 2. d)； 3. c)； 4. b)； 5. a)。

如果你录下那些声音然后再听的话，就会发现广播中戏剧的声音效果都可以模仿。如果你还想了解更多有关录制下来的声音的奥妙，只要按一下开关，调调台，进入下一章即可。

永不消失的声音

没有哪种声音能持续不断——当振动失去能量，声音也就消失。对于可怕的声音来说，这是个好消息。不管你在学校音乐会上的单独演奏多么糟糕，一旦你停下来，声音也就停下来。但由于令人难以置信的录音技术的发明，你的家人即使不到现场也能够听到整场演出，甚至能听到令人难堪的打嗝声、咂舌声和尖叫声。哎呀！这该怪谁呢？

科学家画廊

托马斯·爱迪生（1847—1931） 国籍：美国

年轻的爱迪生又叫阿尔，在学校一无是处，（我们好像在哪儿听到过？）阿尔的老师告诉他：

阿尔的老师告诉他妈妈：

实际上，没有人注意到年轻的阿尔听力不太好，所以他不可能听清楚老师的话。但如果别人的议论很残忍，对他来说，听不见又是一件好事。更幸运的是阿尔的父母善解人意，他俩把儿子从学校领回家，在家里教他。“命真好，”人们都这么说，“听起来像奇迹！”

阿尔很爱学习，他把父亲栽满树木的院子变成了化学实验室，后来一次实验失败，把它烧掉了。10岁时，他在地下室又建了一个化学实验室。下面就是一幅有趣的实验图，他许多的实验通常以难闻的气味、烧坏的衣服和损坏的器具而告终。

后来在他12岁时，阿尔决心找一份工作，他在当地火车上卖报纸和饮料，这给他提供了足够的时间把行李车厢变成流动的化学试验室。结果……你猜……到处都是难闻的气味、烧糊的衣服和损坏的器皿。年轻的阿尔天生就不该卖报（命中注定他是一个发明家和科学家），他下一个工作是每天夜晚从事电报书写员的工作。但是他发觉这工作真的很无聊，于是他发明了一种机器，它可以每小时不断地发射出一种特殊的电波，使老板们以为他一直在工作，其实他在睡大觉。这机器一直工作得很好，可有一天晚上当阿尔当班时，正巧有一份电报传来。可阿尔睡着了，结果他被解雇了。

阿尔为寻找工作奔忙了一段时间。他衣衫不整，也不在乎吃些什么，（知道还有谁会这样吗？）还经常深夜外出工作，这样他才可以在白天做科学实验。他的重大突破在纽约实现了。

有一天他在朋友的办公室打盹，因为他无处安身。这时股票机坏了，这是一种发送财政信息的电报信号，当然阿尔是个电报奇才，他修好了机器，并使它更出色地工作。这给公司老板们留下了深刻的印象，并给了他一份工作。

事实上，西方联合电报公司对这个年轻人的天才也很感兴趣，与他签订了一份发明高级电报机的合同。你能取得这样的成功吗？你能赶得上伟大的爱迪生吗？

关于托马斯·爱迪生的小测验

假设你是爱迪生，你所要做的就是决定在下面各种情况下该如何行事。

1. 遇到一个急需解决的股票机的技术问题，你会怎么办？

a）锁上实验室，让别人都去度假，直到问题解决（人们对于度假有许多好主意）。

b）把全体工作人员锁在实验室里，直到问题解决为止。

c）把自己锁在实验室内60小时，不吃不喝直到问题得到解决。

2. 你有一个很重大的科学问题要解决，你会怎么办？

a）召集科研小组会议，共同讨论这个问题，让他们各抒己见。

b）把自己锁在壁橱里直到想出答案。

c）让你的同学做危险的实验来证明你的理论。

3. 1871年，你娶了年轻的玛丽·西特威尔小姐，你会怎样举行婚礼？

a）休一个礼拜的假。

b）参加婚礼，但把那天剩下的时间都用在科学实验上。

c）你那天一直都待在实验室，请你最好的朋友替你参加婚礼。

4. 你决定改进电话机，贝尔发明的充满酸的话筒在接收声音方面性能不是很好。经过一番研究，你发现碳是传递声波的理想物质，你在此之前测试了多少种物质，才找到这么理想的替代品？

a）200

b）2000

c）20 000

答案

所有问题的正确答案都是b）。但请记住：第2题的b）选项最好不要尝试。

如果你的答案都是：

b）。恭喜你已成为一位伟大的发明家。

a）。你太糟了，最好在读这本书时让人给你倒一杯冷饮，清醒清醒。

c）。你太固执了，对每个人都太苛刻，包括你自己，没关系——你会成为一个好老师的。

19世纪70年代，爱迪生有了一系列杰出的发明。他发明了电报机后开始对储存和传递声波发生了兴趣，1877年他有了前所未有的发现。

一个前所未有的发现

听起来很棒
别冲我来！啊……
这是他出事之前最后的录音。
喇叭
声音音筒
声音振动板
刻音针
拿个留声机——爱迪生最新的伟大发明，让你的朋友开开眼，他准会目瞪口呆。你可以自己录制，在自己的家里欣赏音乐，这是真的，你猜会怎么样？某位歌星死后很多年你们依然能听到他美妙的歌声。
小启事
1. 如果声音有一点失真，那不是我们的错。
2. 注意，音筒随时可能掉下来，那也不是我们的错，对吧？
1. 如何给自己录音
冲这儿说话
声音使震片振动
震片使刻音针振动，刻音针在音筒上将声音刻下
转动音筒
2. 如何听自己的声音
声音通过震片从喇叭里传出
凹糟使刻音针振动
转动音筒
刻音针使震片振动

留声机，像它的名字一样，是一个流芳百世的伟大发明。当爱迪生的伙伴将留声机展示给法国科学院的科学家们时，他们看了非常兴奋，甚至想整晚分享留声机给他们带来的快乐。

你肯定不知道！

在从留声机中得到启发而发明出来的东西中，日内瓦的斯文发明的会说话的手表最特别。手表中有一个很小的留声机，能在一大早发出“醒醒，起床”的声音。爱迪生自己发明的会说话的娃娃中也有一个留声机，会说“妈妈”“爸爸”，还会讲故事。

麻烦的是那些箔制音筒真的从机器上掉下来了，其他发明家改进了留声机，他们采用蜡代替箔制音筒。1888年，诞生了唱片，电唱机诞生了。

紧急健康警告

无论你做什么，永远不要弄乱你父母的老唱片。大人们看到那些满是灰尘的古董时会想起他们的青年时代。留声机刻音针的压强可达每平方厘米20 935千克。依此警告，你可以想象同样的压力压在你的脑袋上，会是怎样的感觉。

当然从你父母年轻时到现在，技术一直都在飞速地向前发展，如今你遇到大事时会有更好的机器录下这一重要时刻。还想了解更多吗？

你想成为一名歌星吗？第四步：严肃的声音机器

当你第一次录下自己的歌声，你一定想一遍遍不停地听，更希望让朋友听，甚至是他们的父母还有宠物。所以哪种声音系统让你的歌声最出色呢？杰斯和旺达又回来帮助你了。

古老的盒式录音机

杰斯正在摆弄盒式录音机，这台机器能把声音转为磁性信号，再由磁性信号又转为声音，听起来很不可思议是不是？

现在旺达将要演示在你播放一盘磁带时发生了什么。

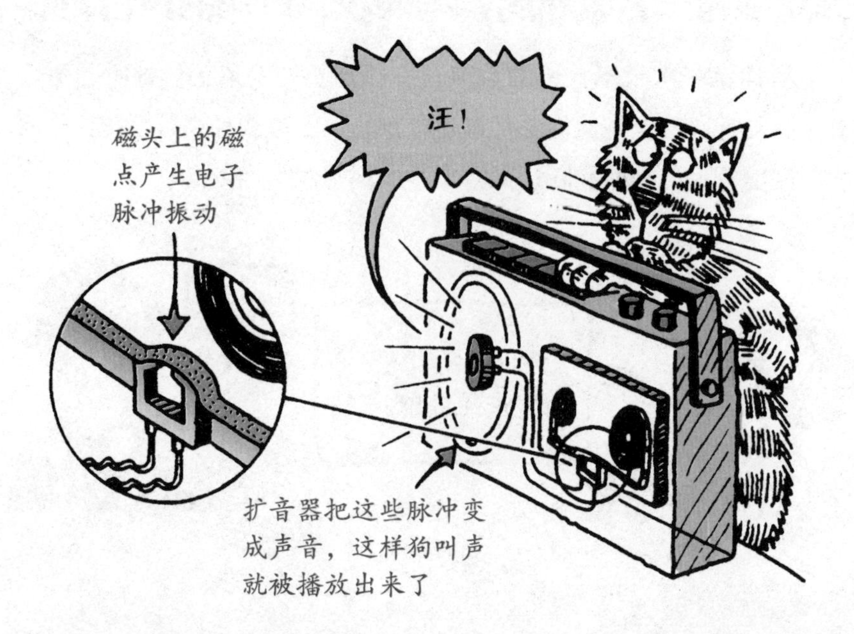

你肯定不知道！

世界上最著名的盒式录音机即“随身听”，是由索尼公司总裁盛田秋尾发明的。（哦，你已经知道了？）他好像是个高尔夫球的狂热爱好者，同时又是音乐发烧友。他想在打高尔夫球的同时又能听音乐，于是——小型的盒式录音机出现了，耳机取代了扬声器，所以你也能在做其他事的同时听音乐了！

杰斯和旺达在琢磨CD机。CD盘通过表面上的微粒把声音储存于CD表面，CD机再把它们转为电子信号……

当杰斯播放CD时，唱碟飞速旋转，下图将为你显示什么才是真正的高科技。

探索一下CD机的内部，你将发现它是怎样把脉冲振动还原为声音的。

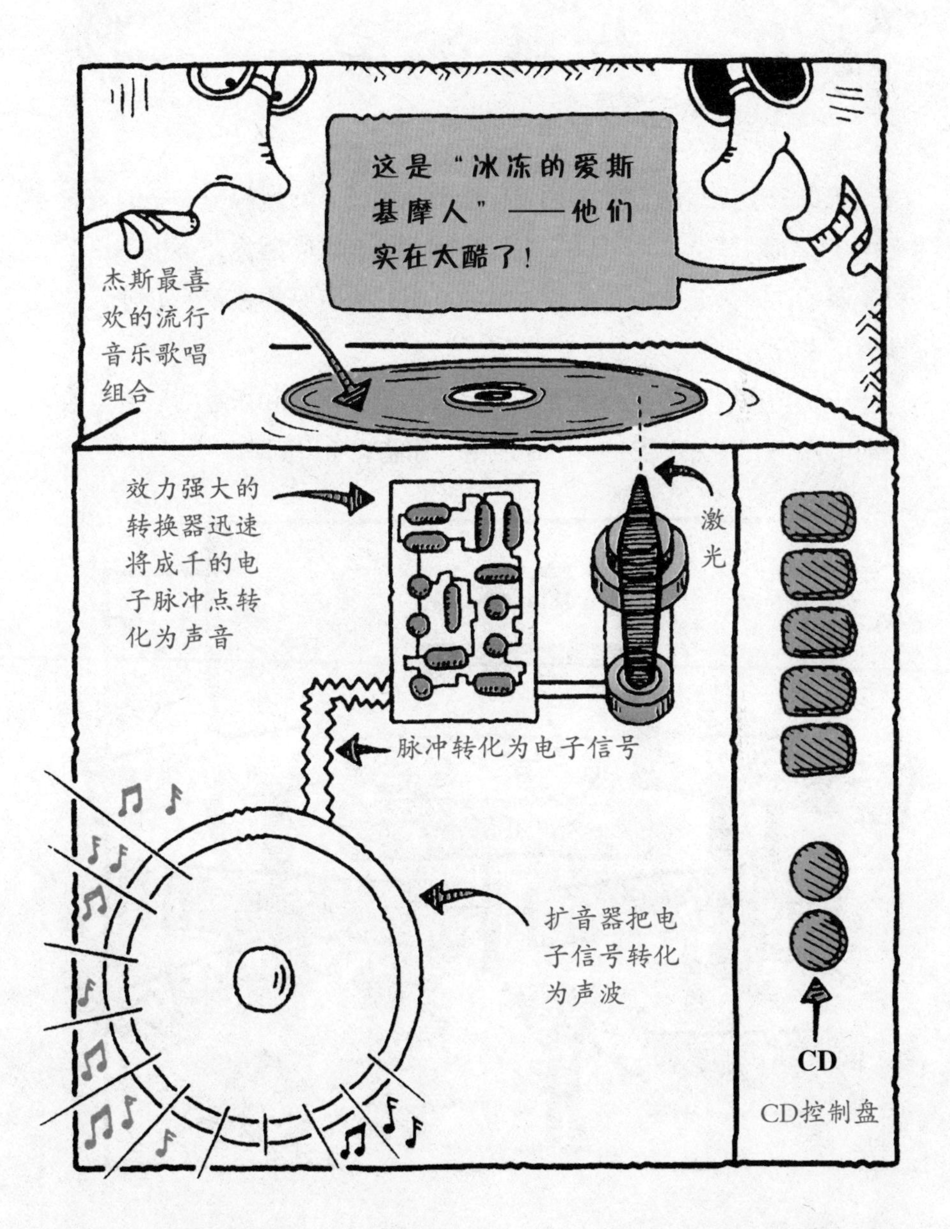

如果运转正常，CD机能比磁带产生更完美的声响，磁带容易绞带或被弄脏，进而影响声音质量。但激光束只能解读CD上的凹道，即使上面有些微粒也没关系。

打破沉寂

想象一个无声的世界（如果你能做到的话）。寂静，完全的寂静无声——沉默是金，你可以一直打瞌睡，没有人吵醒你，再也不用上科学课了，因为老师也是哑口无声的。听起来真是棒极了？好吧，继续看下去……

一个无声的世界也将是无聊、呆板、毫无生气和乐趣的。有点像假期中你一个人去学校——比那还糟，你能想象得到吗？

没有足球比赛（你能想象一个完全无声的比赛吗？）没有电话上的闲聊，没人讲笑话，完全没有粗鲁的噪声，完全没有乐趣，只有一种巨大的令人窒息的沉寂。听起来很可怕，你忍受得了吗？

好了，你现在可以把音量调大了，欣赏一些你能听到的美妙声音……

每年都有许多关于声音的奇妙发现……过去常盼着听到的最好的声音是老祖父弹奏的琴声和歌声， 现在你可随时听到想听的任何声音。你也可以拎起话筒，同世界另一端的人们侃大山。

但声学的发明不仅仅是为了娱乐……

在现在这个非常时刻科学家们正致力于一些崭新的、令人难以置信的声音发现，这些发明将使人们更容易保持联系，发现新的信息。下面是一些我们已经在应用的技术……

超声速声音信号

光导纤维发送信号就好比光脉冲通过话筒被制成声音，所以你的声音可以转化为一种令人难以置信的快速光码，然后它又转变回声波，这样电话另一端的人就能听得到了。

▶ 可视电话不仅能传递说话的声音，而且能显示你谈话时的生动画面（如果你在上厕所时有人给你打电话，你会感到很尴尬）。

▶ 实际上，你可以和电脑这样聊天。

1. 对着电脑装置说话，这种装置可将声音转化为脉冲。

2. 这些电脉冲以电码形式被贮存在电脑的大容量存储器中。

3. 电脑说话时就是将电码转化为脉冲。

4. 脉冲转化为声音后再从电脑的扬声器中播放出来。

声波甚至可以用于治病和保健。

出色的外科声波系统

▶ 超声波可以震碎肾结石，这种振动可以使导致疼痛的结石粉碎，却不会伤及结石周围有弹性的肌肉。

▶ 超声波扫描能够为孕妇拍摄出未出世婴儿的声呐式照片，这种照片可以用来检查婴儿的状况是否良好。

有时科学似乎枯燥乏味，有时乏味的东西听起来又很可怕。

但在课堂外却有一个充斥着各种声音的广阔世界，在这个令人兴奋激动的世界里充满了大叫、大喊、尖叫等各种声音，科学会使它们变得越来越奇妙。

这世界听起来真令人激动，不是吗？

疯狂测试

声音的魔力

现在就来看看你是不是

一个声音方面的专家！

那么，假设你已经了解耳朵并且掌握了声音的奥秘，请完成以下的小测试，看看你是否真的曾经仔细聆听过这些声音，还是让这些声音从耳边悄悄溜走了……

人类的声音

在动物的王国里，人类是最淘气、最喧闹的一群生物。人类或许没有其他动物那样出众的听觉，但是他们能够分辨出上千种不同的声音——并且能大声喧哗……

1. 听小骨位于耳朵的哪个部位？
a) 中耳
b) 内耳
c) 鼓膜

2. 下面哪种情形能致聋？
a) 聆听鸟鸣声
b) 听吵闹的音乐
c) 听科学老师的喋喋不休

3. 人类发出的哪种声音是由空气从胃部溢出而产生的？
a) 放屁声
b) 打嗝声
c) 口哨声

4. 你耳朵里半规管中的液体的作用是什么？
a) 帮助你获得平衡

b) 使你打喷嚏

c) 感受声音的震动

5. 耵聍是什么物质的学名?

a) 耳垂

b) 耳垢

c) 鼻涕

6. 在太空里对话会是什么情形?

a) 更缓慢——声波在真空中传播的速度更慢

b) 更迅速——声波在真空中传播的速度更快

c) 声波无法在真空中传播

7. 由小舌的震动而产生的身体噪声是什么?

a) 鼾声

b) 脑中的嗡嗡声

c) 放屁声

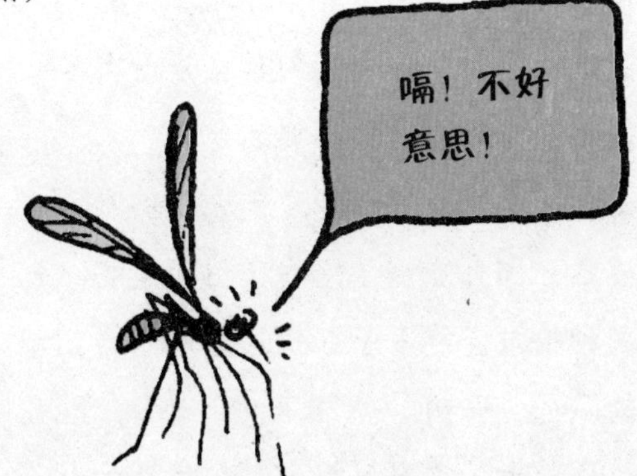

1. a); 2. b); 3. b); 4. a); 5. b); 6. c); 7. a)。

超级的声波

声音和大海有些相似——当然，它不是湿的，也没有鱼儿在水里嬉戏，但是它的确能产生波。那么，你准备好探索那些奇怪的声波了吗？

1. 耳朵的哪一个部位在遇到声波时会产生振动？

   提示：别看它薄，它的作用却不可忽视。

2. 衡量声音强度的单位是什么？

   提示：10个铃铛？

3. 当声波从固体表面反弹回来后会形成什么？

   提示：在空旷的山谷中呼喊。

4. 突破音障时，你会听到什么声音？

   提示：与爆炸有些相似。

5. 是什么将声音信号传递到大脑的？

   提示：你可能由于它的作用而发抖。

6. 哪种技术会被用于寻找尼斯湖水怪？

   提示：……呐。

7. 亚历山大·格雷厄姆·贝尔发明的什么绝妙的机器能够将声波传送到几千公里外？

   提示：“打”得好！

1. 鼓膜
2. 分贝
3. 回声
4. 声震
5. 神经
6. 声呐
7. 电话

奇妙的声音

科学家们对声音有了一些奇妙的发现，并且了解了它是如何实现的。有一些发现几乎让人难以置信，还有一些发现或许是错误的……你能分辨得出下面有关声音的奇特事实中哪些是真，哪些是假吗？

1. 声音在空气中传播的速度比在金属中的传播速度快。
2. 声波能在固体物质中穿孔。
3. 人类发出的声音种类比其他哺乳动物发出的声音种类少。
4. 你按压关节时发出的声音其实只是一股气体的声音。
5. 你的两只耳朵听到的声音的音高会有细微的差别。
6. 鼾声可以像风钻一样响亮。

答案

1. 错误。声音在钢铁里传播的速度比它在空气中传播快15倍！

2. 正确。美国国家航空航天局制造的一种机器能够发出210分贝的声音——它能破坏的不仅仅是鼓膜……

3. 错误。人类能发出的声音远比其他动物发出的声音多，因为人类的舌头和嘴唇有许多种不同的活动方式。

4. 正确。那是氮气气泡破裂的声音。

5. 正确。比起左耳，右耳通常能听到更高的噪声。

6. 正确。研究表明，鼾声可以超过90分贝——这不仅和风钻发出的声音一样大，还能对你的听觉造成危害！

奇妙的动物声音

动物有许多复杂的表达方式。你能通过它们的声音分辨出这些有趣的动物吗?

1. 我的声音听起来像一串有趣的咔嗒声，不过，那并不是我发出的旋律——我只不过是让空气通过我脑袋里的气囊罢了。

2. 我有绝好的机会能给予女士浪漫的感觉，因为我喉咙里气囊的震动让我的情歌更加动听。

3. 我通过震动尾巴的一小块骨头来发出“嘶嘶”声，以此来警告大家我可不是好惹的哦。

4. 嘿，您看，在寂静的夜里，我摩擦双腿发出唧唧声和朋友们窃窃私语。

5. 我的视力很差，于是我便发出非常细微的短促尖叫声——当然了，你们人类是听不到的，所以也觉察不到我的存在。

6. 我的情绪隐藏得很深——我会咕噜叫，会嘟哝，会呻吟，会咆哮，还会嗥叫。不过，我那最令人恐惧的叫声能够穿越千里外的草原……

7. 我能够接收到800千米以外传来的求偶信号。我的喉咙能唱出奇怪的歌声，歌声能一直传到我的鼻子上的袋子里!

8. 我的耳朵能够动，所以我能听到16千米以外传来的声音——我会扭头发出夜色下最出众的声音来回应我听到的声音。

a) 鲸

b) 蝙蝠

c) 海豚

d) 蚱蜢

e) 响尾蛇

f) 狼

g) 蛙

h) 狮子

1. c）；2. g）；3. e）；4. d）；5. b）；6. h）；7. a）；8. f）。

“经典科学”系列（26册）

肚子里的恶心事儿
丑陋的虫子
显微镜下的怪物
动物惊奇
植物的咒语
臭屁的大脑
神奇的肢体碎片
身体使用手册
杀人疾病全记录
进化之谜
时间揭秘
触电惊魂
力的惊险故事
声音的魔力
神秘莫测的光
能量怪物
化学也疯狂
受苦受难的科学家
改变世界的科学实验
魔鬼头脑训练营
“末日”来临
鏖战飞行
目瞪口呆话发明
动物的狩猎绝招
恐怖的实验
致命毒药

“经典数学”系列（12册）

要命的数学
特别要命的数学
绝望的分数
你真的会＋－×÷吗
数字——破解万物的钥匙
逃不出的怪圈——圆和其他图形
寻找你的幸运星——概率的秘密
测来测去——长度、面积和体积
数学头脑训练营
玩转几何
代数任我行
超级公式

“科学新知”系列（17册）

破案术大全
墓室里的秘密
密码全攻略
外星人的疯狂旅行
魔术全揭秘
超级建筑
超能电脑
电影特技魔法秀
街上流行机器人
美妙的电影
我为音乐狂
巧克力秘闻
神奇的互联网
太空旅行记
消逝的恐龙
艺术家的魔法秀
不为人知的奥运故事

“自然探秘”系列（12册）

惊险南北极
地震了！快跑！
发威的火山
愤怒的河流
绝顶探险
杀人风暴
死亡沙漠
无情的海洋
雨林深处
勇敢者大冒险
鬼怪之湖
荒野之岛

“体验课堂”系列（4册）

体验丛林
体验沙漠
体验鲨鱼
体验宇宙

“中国特辑”系列（1册）

谁来拯救地球